JEDER MENSCH
TRÄGT EINEN GARTEN IN SICH.
Ulmer

Am Anfang war die Leidenschaft
für das Gärtnern.

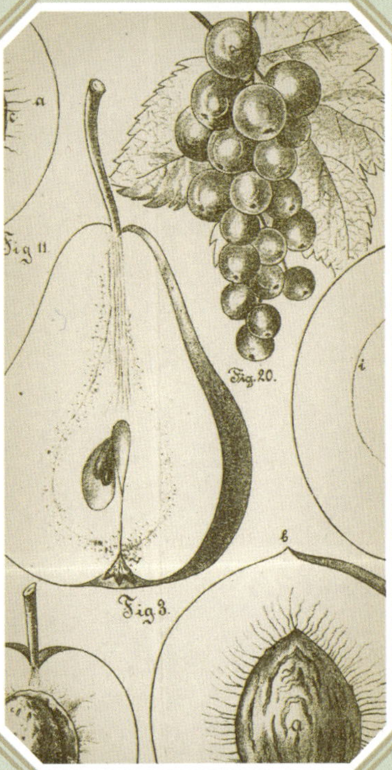

Schönheit liegt oft
im Detail.

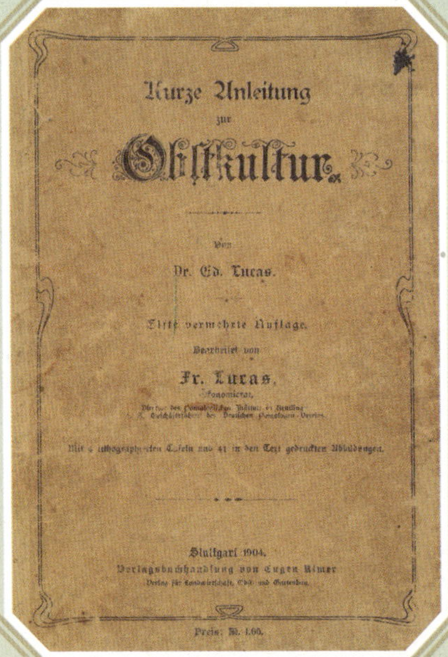

Kurze Anleitung
zur
Obstkultur.

Von
Dr. Ed. Lucas.

Elfte vermehrte Auflage.
Bearbeitet von
Fr. Lucas,
Ökonomierat,

Stuttgart 1904.
Verlagsbuchhandlung von Eugen Ulmer
Verlag für Landwirtschaft, Obst- und Gartenbau.

Preis: M. 1.60.

Das erste Buch im Verlag
Eugen Ulmer.

Mit Wissen und Begeisterung
ist jedes Ziel erreichbar.

Das Wappen des Verlages 1868.

Als mein Ur-Ur-Großvater den Verlag gründete, in dem dieses Buch jetzt erscheint, änderte sich gerade alles. Es gab neue Druckmaschinen, die Eisenbahn fuhr schneller, weiter, öfter und: die Glühlampe wurde erfunden. All das führte dazu, dass die Menschen mehr lesen wollten und konnten. Eugen Ulmer beschloss, sich auf alles Wissenswerte rund um die Landwirtschaft und den Gartenbau zu konzentrieren. Dieser Tradition sind wir aus Überzeugung treu geblieben. Denn am Anfang war ein Garten. Und die Sehnsucht nach einem eigenen Garten wird immer bleiben, auch wenn sich alles andere ändert. *Wie schön!* Und noch eines wird sich nie ändern … Jeder Garten beginnt mit einer Frage:

WAS WÜNSCHE ICH MIR VON MEINEM GARTEN?

„Mein Obstgarten" ist Inspiration und professioneller Ratgeber – aber das Buch schreibt Ihnen auf keinen Fall etwas vor. Es geht nur darum, dass Sie sich ein Stückchen Erde schaffen, das perfekt zu Ihrem Leben passt. Mit unserem Wissen und Ihrer Fantasie und Begeisterung ist alles möglich! Verwirklichen Sie das Schönste auf der Welt – Ihren eigenen Obstgarten. Wir wünschen Ihnen viel Freude und reiche Ernte!

MATTHIAS ULMER

Es gibt viele Wege zum Garten-Glück.

Welcher ist Ihrer?

ICH WÜNSCHE MIR

SÜSSE SACHEN ZUM VERNASCHEN

DEN GARTEN, IN DEM ES IMMER ETWAS ZUM PFLÜCKEN GIBT

SEITE

12

ICH WÜNSCHE MIR

VOGELZWITSCHERN UND FROSCHGEQUAKE

DEN NATURNAHEN OBSTGARTEN

SEITE

24

ICH WÜNSCHE MIR

VIELE VITAMINE ENTSPANNT ERNTEN

DEN HEALTHY-BY-NATURE-GARTEN

SEITE

28

BIRNE
VOLPINO

Ich weiß schon genau, was ich wissen will:

Arbeiten und Genießen im Obstgarten.

Ich weiß schon ganz genau, was ich wissen will:

Der Obstgarten von A–Z.

A F L S

MEIN

GARTEN

JEDER OBSTGARTEN IST ANDERS. VON WELCHEM TRÄUMEN SIE?

Welchen Weg zum Obst-Wunschgarten möchten Sie gehen? Üppige Ernte auf kleinem Raum? Ganz nah an der Natur? Hauptsache lecker? Oder alles zusammen? Einfach lesen, aussuchen, anfangen! Saftige Beeren, knackiges Obst und wahres Gärtnerglück garantiert.

Auf den nächsten Seiten finden Sie Anregungen, wie Sie den Obstgarten finden, der zu Ihnen passt – und wie Sie ihn Schritt für Schritt Wirklichkeit werden lassen können! In einigen Texten finden Sie schon gleich vier, fünf Ideen, was Sie mit Ihrem Garten anfangen könnten. Und rechts daneben dann konkrete Projekte, die Ihnen dieses wundervolle Gefühl geben, etwas Neues und wirklich Schönes zu verwirklichen.

ICH WÜNSCHE MIR

DEN GARTEN, IN DEM ES IMMER ETWAS ZUM PFLÜCKEN GIBT

SÜSSE SACHEN...

… ZUM VERNASCHEN

„Alles beginnt mit der Erdbeere. Wenn die reif ist – und ich meine wirklich reif! –, dann geht sie los, die Garten-Süßsaison. Jeder Monat bringt eine neue Lieblingsfrucht, und jeden Tag liebe ich meinen Garten etwas mehr, weil er etwas so Fantastisches hervorbringt!"

BEERENSTARK …

… wenn dann aus einer Ecke, in die gerade ein Sonnenstrahl wie ein Scheinwerfer leuchtet, die erste Johannisbeere des Jahres aufblitzt. „Die Johannisbeere trägt in dieser Saison verführerisches, eng anliegendes Rubinrot". Nun ja, das kennt wohl jeder Gärtner, die ersten Früchte werden tatsächlich bestaunt wie Filmstars auf dem roten Teppich. Wer diesen Moment ganz oft (mit unterschiedlichen Darstellern) haben will, legt seinen Wunschgarten zum einen mit verschiedenen Sorten an. Zum anderen – und das ist das Spannende – taktet man die Reifezeit so, dass von Juni bis zum Frost immer etwas pflückbar ist. Was natürlich bedeutet: Man kann sich aufs Schönste durch den Sommer und Herbst naschen. Und sich dann noch sagen, dass es ja die gesündesten Süßigkeiten der Welt sind …

Überhaupt gibt es zig schöne Gründe für einen Naschgarten. Er sieht schön aus. Man nimmt die Vitamine in Beeren- statt in Plastikröhrchenform zu sich. Man lernt wahnsinnig viel – oder haben Sie gewusst, dass es Andenbeeren gibt? Und dass die auch noch bei uns wachsen können? Man kann sich als Architekt betätigen (Gartenhäuschen!), zeigt seinen Ordnungssinn (Beeren-Quartiere) und trainiert pädagogische Fähigkeiten (so, Himbeeren, jetzt wachst ihr mal alle leise und gerade am Spalier), man tut etwas für die Freundschaften

(Marmelade verschenken) und die Tiere (wo es so lecker riecht, bleibt man nicht lange alleine). Aber ehrlich gesagt, man braucht keine Argumente. Es reicht pure Lust an einem schönen Garten.

Wie gesagt, alles fängt mit den Erdbeeren an. Kennen Sie die kleinen Monats-Erdbeeren? Ein Traum! Von Juni bis Oktober kann man sie ernten, ohne viel Arbeit zu haben. Danach kommen die hübschen Johannisbeeren. Und dann: die Stachelbeeren. Die dunkelroten, großen, weichen, zergehen langsam auf der Zunge, unfassbar köstlich. Himbeeren sind natürlich Klassiker, die gehören einfach dazu. Und zu guter Letzt die Brombeeren. Fast schwarze Juwelen. Lassen sich immer ein bisschen mehr Zeit als man denkt. Aber wenn sie dann wirklich reif sind – dafür hat sich alles gelohnt. Aber was erzählen wir Ihnen – probieren Sie es aus! Finden Sie Ihren Beerenstar!

Jeder ist seines Glückes Gärtner.

Und jetzt die Gretchenfrage: Wie halten Sie es mit dem Obstbaum? Muss man einmal im Leben gepflanzt haben? Man muss natürlich gar nichts, aber einen Baum wachsen zu sehen, das ist schon ein ganz eigener Film. Und dann den ersten Apfel zu ernten – Sie wären nicht der Erste, der dabei nahezu religiöse Gefühle entfaltet. Oder, eine Variante mit Tradition, eine Säulenkirsche. Rosa und weiße Blüten im Frühjahr, und ab der 5. Kirschwoche sind die Früchte reif. Platz hat das Gewächs übrigens im kleinsten Hausgarten. Und wenn man erst einmal angefangen hat, merkt wie leicht es geht und wieviel Spaß es macht, dann kann man auch richtig einsteigen. In die Welt der Exoten, der alten Sorten und der „Obst-Trüffel". So wie zum Beispiel die Kupfer-Felsenbirne. Die wächst an einem vermeintlichen Zierstrauch und schmeckt – der Name sagt es nun wahrlich nicht – nach Kirsche und Marzipan.

MEINE PROJEKTE FÜR MEHR NASCHVERGNÜGEN

BROMBEEREN BÄNDIGEN

Auch stachellose Brombeeren können wuchern

AUF SEITE 125 ✓

HIMBEEREN AM SPALIER

Meine Sträucher wachsen in Reih' und Glied

AUF SEITE 123 ✓

ANDENBEERE

Die Exotin gibt ein Gastspiel

AUF SEITE 116 ✓

DIE KORNELKIRSCHE

Das Obst für Geduldige: Nur die wirklich reifen Früchte schmecken!

AUF SEITE 140 ✓

ROTE GRÜTZE

Das beerige Rezept für Naschkatzen und Genießer

AUF SEITE 117 ✓

NOCH MEHR …

Beerenobstsorten 153 – 156 ✓

Säulen und Zwerge 45 ✓

Kirschessigfliege 65 ✓

Gießen 60 ✓

ICH WÜNSCHE MIR

DEN KLITZEKLEINEN OBSTGARTEN

GROSSE ERNTE ...

„Obstbaum und kleiner Garten, das passt doch nicht zusammen? Doch! Wenn wir die alten Bahnen verlassen und Obst neu denken. Muss es denn immer gleich ein Obstriese sein? Reicht nicht auch ein Obstzwerg? Da geht doch was …"

… AUF KLEINEM RAUM

GANZ SCHÖN ERSTAUNLICH ...

... wie viel Obst man doch in einem so kleinen Garten unterbringen kann. Egal, ob es nun der Reihenhausgarten ist oder ein gepachtetes Stück Schrebergarten – kein Mensch muss auf Äpfel, Pflaumen, Kirschen verzichten.

Zum einen gibt es immer mehr Angebote für extra kleine Obstgehölze aller Art. Schließlich hat es sich herumgesprochen, dass auch Städter ihre Finger inzwischen lieber zum Pflücken der eigenen Ernte als zum Eintippen von Obstkennzahlen in Supermarktwaagen benutzen. Also können Sie jetzt ganz nach Lust und Laune wählen, ob Sie auf Ihrem Mini-Eden die *Birnenzwerge* „Little Queen", „Maloni Sally"-Äpfelchen oder vielleicht die schlanken *Pflaumensäulen* „Fruttini Skyscraper" ansiedeln möchten MEHR DAZU AUF SEITE 78. Kleine Sorten zu nehmen, ist also eine Herangehensweise. Aber (und das haben sich die Parkhäuser von einem Kleingarten abgeschaut), man kann natürlich auch in der Vertikalen ein wenig schrauben. Gemüse unterm Obstbaum, wie klingt das für Sie? Und neben, unter oder auf der Gartenbank ist immer Platz für einen Kübel. Der wiederum beheimatet gerne und gut zum Beispiel Johannis-, Stachel- oder Himbeeren.

Es gibt erstaunlich viele Wege, den Traum vom Obstgarten auf kleinstem Raum zu verwirklichen. Ohne dass da etwas vollgestopft wirkt oder sich womöglich die Sorten gegenseitig die Nahrung nehmen. Und man selbst fühlt sich wohl. Als König oder Königin im eigenen, kleinen Reich. Und wenn man angefangen hat, kommt die Lust auf neue Abenteuer meistens ganz schnell. Weintrauben, das wäre doch was! Rebenerziehung ist hier das Stichwort … So ein Spalier ist schnell gebaut und nimmt natürlich viel weniger Platz weg als ein Baum. Die Arbeit beginnt dann später, wenn geschnitten werden muss … Der Lohn zum Schluss sind jedoch süße, sonnengereifte Weintrauben. Unvergleichlich. Auch andere Obstsorten wachsen am *Spalier* TIPPS DAZU AUF SEITE 96. Und warum muss ein Zaun eigentlich immer ein Zaun oder eine Hecke sein? Extra schmal geschnittene Apfelbäumchen sind viel schöner. Und machen auf beiden Seiten gute Laune. Am Fuße der Bäumchen vielleicht noch Wald-Erdbeeren? Alles möglich. So wie sich Nachbarn nicht zwangsläufig spinnefeind sein müssen, so sind es auch Blumen und Beeren nicht. Rittersporn und Pfingstrose schauen vielleicht zunächst etwas erstaunt, wenn sich auf einmal Johannisbeere und Stachelbeere in ihrem Beet einnisten. Aber alle vertragen sich gut, und wieder hat man etwas Schönes untergebracht. Weil so vieles erstaunlich gut funktioniert, wird man bei sich selbst irgendwann feststellen, wie man in fremde Gärten schaut und nur noch denkt: Was könnte ich anstellen, um so ein Aprikosenbäumchen / eine Sauerkirsche / ein Pfirsich-Prachtexemplar auch bei mir unterzubringen? Keine Angst, Ihnen wird schon etwas einfallen. Oder uns. Es gibt keinen zu kleinen Garten. Es gibt nur zu wenig Phantasie …

Ein Garten ist wie eine Handtasche: Man glaubt nicht, was alles reinpasst.

MEINE PROJEKTE ZUM PLATZSPAREN

APRIKOSENSPALIER

So wächst der Aprikosenbaum auch in kühlem Klima

AUF SEITE 107

SCHLANKE SÜSSKIRSCHEN

Mit etwas Aufwand Säulenkirschen erziehen

AUF SEITE 103

KLEINE OBSTBÄUME

Naschobst für den kleinsten Garten

AUF SEITE 81

BÄUME UNTERPFLANZEN

Gemüse, Stauden und Blumenwiesen ziehen ins Erdgeschoss ein

AUF SEITE 79

OBST IN KÜBELN

Die Terrasse wird zum Obstgarten

AUF SEITE 80

DIE VERRIER-PALMETTE

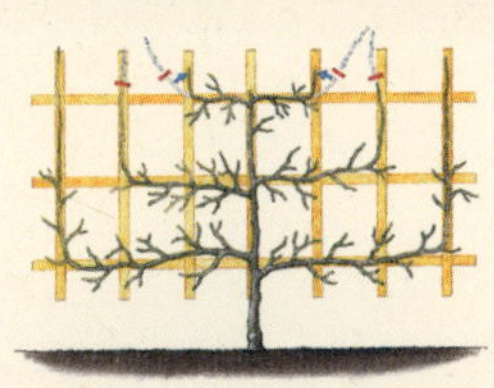

Birnen lassen sich gut an der Hauswand ziehen

AUF SEITE 97

ICH WÜNSCHE MIR

DEN OBSTGARTEN ZUM SELBSTVERSORGEN

REIFE FRÜCHTE ...

…IN VIELEN KÖRBEN

„Unabhängig zu sein, ist mir wichtig. Warum nicht auch beim Obst? Im Supermarkt gibt's zwar das ganze Jahr über alle möglichen Früchte. Aber die meisten von ihnen dürften einen ganz schönen Jetlag haben … Muss nicht sein, finde ich. Bestimmt kann ich doch auch so viel Obst ernten, dass ich nicht nur im Sommer etwas davon habe, sondern auch noch im Winter?!"

JETZT ...

... anfangen! Nicht morgen, nicht nächste Woche, nicht nächsten Sommer. Sondern genau jetzt etwas wahr zu machen, von dem eigentlich jeder schon einmal geträumt, aber kaum einer es umgesetzt hat. Selbstversorger sein. Was braucht man schon dazu? Ein Stück Garten, etwas Disziplin, ein paar Ideen und ansonsten? Nur Freude am Machen. Man kalkuliert so rund 70 m² pro Person, um unabhängig von Öffnungszeiten und Einkaufspolitik zu sein. Jenseits von Zusatzstoffen und Verpackungsmüll. Auf so einer Fläche kann man alles an Obst, Gemüse, Kartoffeln und wonach einem sonst noch der Sinn steht anbauen, um übers Jahr zu kommen. So eine Fläche haben Sie? Dann willkommen in der freien Welt des Echten und Leckeren, willkommen in Ihrer Welt!

Kirschkompott und Apfelmus, das kennen die meisten noch aus der Kindheit. Omas Einweckgläser, die mit dem dicken roten Gummi. Und weil Oma sieben Apfelbäume hatte, hätte man auch die ganze Republik mit Apfelmus versorgen können. Die Republik wollte nur nicht, das stand dann alles bei Ihnen zu Hause ... Heute entscheiden Sie. Was ist für „sofort genießen", was wird verarbeitet und dadurch etwas *haltbarer gemacht* und was muss so *konserviert* und *eingelagert* werden, damit im Januar nicht der Notstand ausbricht?

HIER ERFAHREN SIE'S: SEITE 76. ✓

Bei Beeren ist die Sache ja klar. Zum Beispiel Johannisbeeren. Erst einmal beim Pflücken frisch vom Strauch selber essen. Dann zum Essen mit ein wenig Zucker als Dessert. Oder ab auf den Kuchenteig damit. Und alles, was man nicht gleich schafft, wird entsaftet, zu Marmelade und Gelee verkocht, eingefroren oder: Machen Sie eigenen Wein daraus! Oder selbstkreierten Likör! Stellen Sie sich vor, demnächst schenken Sie Ihrem besten Freund nicht den edlen Tropfen, von dem er schon (dank Online-Sonderangebot) 16 Flaschen im Keller hat. Sondern IHREN Wein. Mit eigenem, exklusiv gestaltetem Etikett. Und für Sie selbst ist es garantiert auch etwas anderes, wenn Sie an einem klirrkalten Wintermorgen Ihre eigene Marmelade auf dem Frühstückstisch stehen haben und sich daran erinnern, wie Ihre Finger aussahen, als Sie die Beeren an diesem unfassbar heißen Julitag gepflückt haben. Genießen Sie Ihr Leben und die Früchte Ihres Gartens, es gibt kein besseres Gefühl.

Und ab sofort können Sie Freunden den Sommer im Glas schenken: Ihre Marmelade.

Sie möchten mehr aus Ihren Äpfeln machen? Hier schon mal zwei kleine Tipps: Wenn Sie einkellern wollen, müssen Sie ein Auge auf die Sorte haben. Und wenn Sie planen, Saft aus dem Obst herzustellen: Auf einigen Märkten findet man im Sommer mobile Mostereien. Das spart einen Haufen Arbeit! Aber was auch immer Sie daraus machen: Sie werden es lieben.

Und zum Glück verteilt sich die Arbeit in einem Garten mit Obst und Gemüse ganz gut. Im Frühling und Sommer ist die Hauptsaison im Gemüsegarten. Dann werden die Beete vorbereitet, es wird gesät, gepflanzt und Unkraut gejätet. Im Herbst und Winter bekommt dann der Obstgarten sein Pflegeprogramm.

Es spricht vieles dafür, zum Selbstversorger zu werden. Verwirklichen Sie sich diesen Traum, Sie werden so viel Freude dabei haben. Ab wann? Na, ab jetzt!

MEINE PROJEKTE FÜR MEHR UNABHÄNGIGKEIT

SORTENWAHL

Wie man die passenden Sorten findet

AUF SEITE 46

FRUCHTIGE MARMELADEN

Zauberhafte Rezepte zum Nachmachen

AUF SEITE 126

OBST TROCKNEN

Ob im Ofen oder auf der Heizung:
So werden die Früchte haltbar

AUF SEITE 134

OBST EINLAGERN

Äpfel, Birnen und Nüsse ohne Verluste einlagern

AUF SEITE 75

ICH WÜNSCHE MIR

DEN NATURNAHEN OBSTGARTEN

VOGELZWITSCHERN…

„Es tut gut, so nah an der Stadt Natur zu tanken. Ganz nah – denn mein Garten liegt gleich hinter der Terrassentür. Mit Teich, Blumenwiese und ein paar alten Apfelbäumen. In denen wohnen ab dem Frühling die Vögel, die mich jeden Morgen mit ihrem Gesang wecken. Kein Problem, aus dem Radiowecker kommt manchmal deutlich Schrägeres.“

HERZLICH WILLKOMMEN …

… ihr Nachwuchssänger, Glücksbringer und Nachtgestalten! Es könnte so eine herrliche Stille im Garten sein. Wenn man sie denn haben will. Man kann aber auch seinen Garten zur Konzerthalle der Natur machen, zum Hotel der Insekten, Frösche, Vögel und wer sich noch gern einnistet, wenn es irgendwo schön ist, Minibar und Buffet aber lediglich aus einem kleinen Teich und Blumenbeeten bestehen.

Und ein wenig Theaterdonner hat man auch, wenn man sich dazu entschließt, seinen Obstgarten für Tiere zu öffnen. Das Gequake der Frösche – so ganz sicher ist man dann nicht mehr, ob da nicht ein Prinz dabei ist, der nur darauf wartet, endlich von der Richtigen geküsst zu werden. Dann die Schmetterlinge in ihren wunderschönen Kostümen (und mit ihren lustigen Namen. Schachbrett!). Pflanzt man *schmetterlingsaffin*, hat man das Beet voll; WIE MAN DAS ANSTELLT, STEHT AUF SEITE 87. Marienkäferchen kann man genauso zu sich einladen wie Fledermäuse oder Wildbienen, Igel oder Singvögel. Wer übrigens ein Faible für den Reviergesang der Blaumeise hat (das Männchen beherrscht bis zu 8 Strophentypen!), kann dafür sorgen, dass so ein Pärchen bei ihm

einzieht. Indem er das Einflugloch des *Nistkastens* SO WIRD ER GEBAUT: SEITE 85 nicht größer als 28 mm macht; dann passen die anderen Vögel nicht mehr durch! Der piepsende Nachwuchs ist natürlich immer süß, egal ob von Blaumeise oder Sperling. Und so wie man stundenlang zuschauen kann, wie die Eltern immer wieder losfliegen, um den unglaublich hungrigen Nachwuchs mit Nahrung zu versorgen, so ist es einfach toll, zu beobachten, für welche Blüten sich die schlanken Wildbienen und die gemütlichen Hummeln entscheiden oder wo die Schmetterlinge eine Pause einlegen, nachdem sie wie berauscht über das Staudenbeet gegondelt sind. Ob sich der schüchterne Igel heute aus seinem Versteck traut? Für Kinder ist das eine Sensation, für Erwachsene immer wieder schön, für alle jeden Tag aufs Neue spannend.

Öffnen Sie der Natur das Gartentor ganz weit.

Man muss schon ein bisschen was tun, damit sich die Untermieter auch wohlfühlen, nein, dass sie überhaupt einziehen! Eine Wildobsthecke zum Beispiel ist eine gesuchte Immobilie. Und die Infrastruktur muss stimmen. Pollen- und Nektar-Tankstellen sollten Sie vorsehen. Was sowieso zu beachten ist: Wer sich für einen kreucht-und-fleucht-Obstgarten entscheidet, muss die Ernte teilen. Stichwort Kirschpflaumen. Wenn Sie da nicht fix sind, hat's der Vogel.

Und trotzdem: Es gibt keine höhere Auszeichnung, als wenn sich die Tiere im eigenen Garten ebenso wohlfühlen wie man selbst. Man hat dieses Gefühl, irgendwie ganz nah dran am Echten, wirklich Wichtigen zu sein. Denn das Blaumeisenpärchen, das schert sich nicht um den Aktienkurs. Und trotzdem kriegt es seine Kleinen groß und die können dann sogar fliegen.

MEINE PROJEKTE FÜRS NATURNAHE GÄRTNERN

EINE WILDOBSTHECKE

Wilde Früchtchen für mich, Unterschlupf und Nahrung für die Gartentiere

AUF SEITE 83

NISTKÄSTEN ANBIETEN

Für Gartenecken ohne alte Bäume

AUF SEITE 85

PHEROMONFALLEN

Apfel- und Pflaumenwickler einfach mit Pheromonen austricksen

AUF SEITE 66

INSEKTENHOTELS

Appartements für verschiedenste Wildbienenarten

AUF SEITE 86

LEBEN IN ALTEN BÄUMEN

Diese Tiere haben hier ihr Quartier bezogen

AUF SEITE 88

SELBSTGEMACHTER FLÜSSIGDÜNGER

Aus Brennnesseln und Beinwell entsteht eine nährende Jauche

AUF SEITE 58

ICH WÜNSCHE MIR

DEN HEALTHY-BY-NATURE-GARTEN

VIELE VITAMINE ...

… ENTSPANNT ERNTEN

„Vitaminpillen brauche ich nicht. Denn in meinem Garten wachsen die Vitamine an Sträuchern und Bäumen. Mal süß, mal herb, mal sauer. Gesund, was ich da mache? Ja, aber vor allem lecker und total stressfrei!“

ALLES GUTE ...

... **kommt** (natürlich) aus der Natur! Wenn man schon einen Garten hat, ist es doch naheliegend, dass der nicht nur schön aussieht, sondern auch noch wirkt. Indem man die Power eines Gartens dafür nutzt, ein bisschen gesünder durchs Leben zu spazieren oder den kleinen Wehwehchen des Alltags nicht gleich mit verschreibungspflichtigen Keulen auf den Pelz zu rücken. Eigendiagnose: erstklassige Idee.

Dass man sich als Obstgartenbesitzer nicht mehr mit dem abgepackten, getrockneten Früchtemix zufrieden gibt – selbstverständlich. Denn die Garten-Himbeeren strotzen nur so vor Vitamin C, ebenso wie Erdbeeren und Schwarze Johannisbeeren. Schon mal in einen frisch gepflückten Apfel gebissen? Genauso knackig fühlt man sich danach selbst. Und was anderswo als „Superfood" verkauft wird und einfach nur ein Superbusiness ist, haben Sie demnächst vor der Nase, wenn Sie die zwölf Schritte vom Wohnzimmersofa bis zum Preiselbeer-Zwergstrauch hinter sich gebracht haben. *Preiselbeeren* sind knallvoll mit Vitaminen und Mineralstoffen WIE MAN SIE SICHER BIS ZUR ERNTE BRINGT: SEITE 145. Cranberries wachsen bei uns auch prima, gelten ebenfalls als Superfood und

man weiß nicht, ob sie so erfolgreich wären, wenn sie ihre Karriere unter ihrem deutschen Namen begonnen hätten. Miss *Cranberry* heißt nämlich hierzulande Großfrüchtige Moosbeere oder, niederdeutsch, Kranbeere. Nicht so elegant, oder? Aber: Die Indianer haben sie schon als Heilmittel zur Wundbehandlung genutzt, Seeleute auf Walfang aßen sie zum Schutz vor Skorbut, und die kleinen, leichten Beeren können sogar Magenschmerzen stoppen und grippale Infekte bekämpfen. ALLES WICHTIGE ZUR CRANBERRY ERFAHREN SIE AUF SEITE 145! Oder die *Gojibeere* AUF SEITE 146, die ebenfalls einen prosaischeren deutschen Namen trägt, nämlich Gemeiner Bocksdorn. Die Pflanzen sind unkompliziert anzubauen, erinnern im Geschmack je nach Sorte an süßliche Tomaten oder Paprika und trumpfen ebenfalls mit Vitaminen aller Art und sonstigen Wohltaten auf.

Wenn es einen trotz aller Vorsorge dann im Herbst doch einmal erwischt hat, kann man ebenfalls in seinen eigenen Garten greifen. Unfassbar, wie vielseitig zum Beispiel so eine Wildrose ist. Aus den Hagebutten und Blütenblättern kocht man Tee, der gegen Erkältungen hilft. Macht man Hagebuttenmus, hat man ein traditionelles Mittel gegen Gicht und Rheuma. Doch das war es noch lange nicht. Aus den Kernen kann man Öl gewinnen, das fein für die Hautpflege ist. Und was fast immer geht und wirkt, ob Hagebutte oder Schwarzer Holunder: das Obst entsaften und dann einen schönen Likör daraus aufsetzen. Der Wirkt auf seine Weise und ist garantiert leckerer als jede Tablette.

Wichtige Zutat für einen gelungenen Tag: eine Schüssel Obst.

Das ist das Schöne an Obstgärten: Man kann sich immer wieder selbst davon überzeugen, wie unglaublich vernünftig und gesund das alles ist. Und insgeheim wissen, dass es einem aber vor allem anderen einfach Freude macht, in und mit der Natur zu spielen.

MEINE PROJEKTE FÜR GESUNDE FRÜCHTE

BIOLOGISCHER PFLANZENSCHUTZ

Denn dann weiß ich, dass es wirklich gesund ist

AUF SEITE 67

DER SCHWARZE HOLUNDER

Noch so ein Tausendsassa

AUF SEITE 144

SUPERFRUITS

Schisandra, Gojibeere und Aronia

AUF SEITE 146

DIE WILDROSE

Ihre roten Früchte enthalten reichlich Vitamin C

AUF SEITE 138

ICH WÜNSCHE MIR

DEN GARTEN FÜR GENIESSER

ALLES ...

„Ruhig und friedlich ist es in meinem Obstgarten. Keine Spur von der Hektik, die die Welt da draußen antreibt. Gartenarbeit? Gartenyoga ist das bei mir eher. Manchmal heftiges Gartenyoga, zugegeben. Aber es gibt wirklich so viele pflegeleichte Obstbäume und Sträucher. Sich erholen oder viel ernten? Das geht ganz locker beides zusammen."

... GANZ EINFACH

SCHÖN ZU SEHEN …

… wie die Nachbarn da im Garten wuseln, die Bienen sich summend als Jimi Hendrix versuchen und die Blätter rascheln, weil eine stete Brise sie streichelt. Die eigenen schnellsten Bewegungen? Sich ein Buch aussuchen und sich damit in den unfassbar bequemen Liegestuhl gleiten zu lassen. Nichts gibt einem ein besseres Gefühl, als mit Erde unter den Fingernägeln und diesem ziehenden Schmerz im Rücken abends auf sein Gartenwerk zu schauen? Meistens.

Aber manchmal kann und muss man seinen Wunsch-Garten einfach auf diese wunderbare andere Weise in vollen Zügen genießen: mit Nichtstun.
Das ist eine Idee, die so ziemlich nach Ihrem Geschmack ist? Allerdings hätten Sie gerne auch noch die Annehmlichkeiten eines Erntegartens? Das ist fix fertig.

Genuss pur: Näher kann man dem Schlaraffenland gar nicht sein.

Eine kleine Kräuterecke für Kochabenteuer, ganz traditionell ein paar Tomaten im Topf (die brauchen nun wirklich nicht viel) und ein paar Obstpflanzen. Ja, man glaubt's kaum, aber Obst ist tatsächlich weit pflegeleichter als Gemüse. Ohne Gießen und Unkrautjäten bekommt man das nicht durch den Sommer. Johannis-, Him- und Brombeeren hingegen? Genügsame Gesellen, die einem gerne beim Faulenzen zugucken. Man *düngt* sie im Frühjahr und *schneidet* sie nach der Ernte zurück AUF SEITE XXX. Kein Hexenwerk. Unglaublich wichtig aber: Sind die Beeren reif, muss man den Liegestuhl umstellen. Wäre ja nicht im Sinne des Erfinders, zum Beerenzupfen aufzustehen …
Geht auch Apfelernte ohne großen Aufwand? Na sicher. Lassen Sie das Obst an sogenannten Ballerinas wachsen. Das ist der elegante Ausdruck für schlank und rank wachsende Apfelbäume. Es sind zwar keine alten oder bekannten Sorten darunter, aber dafür brauchen sie kaum Schnitt und tragen trotzdem jedes Jahr aufs Neue.
Auch für die *Erdbeeren* gibt es den ein oder anderen Genießer-Trick. Erdbeertürme beispielsweise sind so etwas wie die Simpel-Etageren des Gartengourmets. Und wer befürchtet, immer wieder aus seinem Zustand des Genießens, Tagträumens und schwebenden Glücks gerissen zu werden, um sich mit so profanen Dingen wie Gießen abzugeben: Wir zeigen Ihnen, wie Sie einfach eine zuverlässige automatische Bewässerungsanlage installieren. Da können Sie die Erdbeeren und Tomaten auch mal ein paar Tage alleine lassen und das Leben woanders genießen …

MEINE PROJEKTE ZUM ERHOLEN

EINEN BAUM PFLANZEN

Ein guter Start ist wichtig, damit sich Liegestuhl-Gärtner entspannen können

AUF SEITE 49

SÄULEN UND ZWERGE

Die pflegeleichten Äpfel machen sich ganz schlank

AUF SEITE 45

BEERENOBST

Klein, süß und pflegeleicht

AUF SEITE 110

NOCH MEHR …

Mulchen spart Wasser **61**

Sommer im Garten: Die Freizeit genießen **54**

ICH WÜNSCHE MIR

DEN GARTEN FÜR SORTENSAMMLER

LEIDENSCHAFT ...

... und Sammelglück

„Ich liebe Äpfel über alles. Mein Garten? Das soll eine kleine, feine Kollektion alter Sorten werden. Ich will jede einzelne sorgsam aussuchen, möchte alles über sie wissen. Wer anfängt, etwas über Pomologie zu lesen, der macht was Tolles, er macht nämlich die Tür zu einer ganzen Welt auf!“

VERHEISSUNGS-VOLL ...

... klingen schon die eingravierten Namen auf den Metallschildchen. „Rheinischer Bohnapfel" und „Altländer Pfannkuchen". Es sind ganz besondere Apfelsorten, denn es gibt sie nur noch in alten Obst- oder in Sammlergärten. In den letzten Jahrzehnten wurden sie aussortiert, quasi aufs Obst-Abstellgleis geschickt. Dabei haben die alten Sorten oft einen ganz besonderen Geschmack. Allerdings Augen auf. Wer vorher nicht etwas über den „Altländer Pfannkuchen" gelesen hat, weiß nicht um seine Macke. Und die heißt schlichtweg: frisch vom Baum geerntet = schmeckt langweilig. Der Altländer ist der Inbegriff des Nachreifers. Nach ein paar Wochen zeigt er dann aber, was er drauf und drin hat. Slow Food sozusagen. So etwas wissen Sie dann, als Apfel-Spezialist.

Es gibt Apfelsorten, die haben ihren Ursprung, als Frankreichs Adlige noch fröhlich Kuchen gegessen und nichts von der Revolution geahnt haben. Manche Sorten schmecken heute seltsam – auch die Geschmäcker haben sich offensichtlich im Laufe der Zeit gewandelt. Aber ist das entscheidend? Als ginge es bei einem Oldtimer-Sammler darum, wie schnell die Autos sind! Wenn einen das Sammelfieber erst einmal gepackt hat, ist man ja in jedem Bereich nur noch halb zurechnungsfähig. Zumindest für Außenstehende. Was ein Apfel-Passionisten zu Jubelstürmen hinreißt, ist für den schnöden Briefmarkensammler von einem anderen Stern. Der Apfelsortenjäger und -sammler hat sich jedoch einer ganz wunderbaren Leidenschaft verschrieben. Er hockt nicht einsam auf dem Dachboden oder wühlt sich hustend durch staubige Wälzer. Sondern er ist immer draußen unterwegs, um neue, alte Schätze zu entdecken. Oder Sie spezialisieren sich auf vergessene regionale Sorten?! Der Fundus ist in jedem Fall reich, es gibt gut 2000 Apfelsorten. Es finden richtige Apfelverkostungen statt, und im Herbst geben sich Pomologen ein Stelldichein auf Erntedankfesten, in Botanischen Gärten oder bei eigenen Kongressen. Freunde profitieren natürlich auch von dem Hobby. Nun ja, „Hobby“… Denn auch die seltensten Äpfel müssen irgendwie verarbeitet werden. Ob nun zu Saft, Wein, Chutney, Mus oder indem man sie einfach – isst.

Apfelsorten-Sammler sind glückliche Menschen.

Wer dann schließlich alles, aber auch alles über Äpfel weiß, der wagt sich vielleicht aufs nächste Terrain: Birnen und Kirschen sind ebenfalls Obstsorten, mit denen es so viel zu erfahren und erleben gibt. Das klingt alles ein bisschen nach verrückter Professor? Mag sein. Aber es ist zum einen großartig, auf einem Gebiet mal wirklich Meister zu sein. Zum anderen schmeckt diese Leidenschaft verdammt gut.

PROJEKTE FÜR MEINE SAMMELLEIDENSCHAFT

STREUOBSTWIESEN SIND KULTURGUT

Wie sich die Sorten zusammenstellen lassen

AUF SEITE 84

VEREDELN

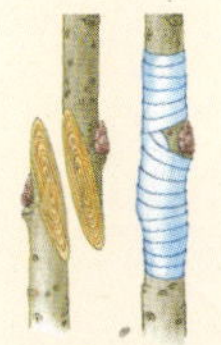

Mit diesen beiden Techniken lassen sich Bäumchen selbst veredeln

AUF SEITE 71

ALTE SORTE ODER NEUE SORTE?

Lohnt es sich, auch die neuen Sorten anzubauen?

AUF SEITE 47

NOCH MEHR …

Buschbäume und Spindeln für kleine Gärten 44

Einen Spindelbaum erziehen: Kleine, schlanke Obstbäume 93

WISSEN,

WIE ES GEHT

ES IST NOCH KEIN MEISTER VOM OBSTBAUM GEFALLEN!

Beim Gärtnern macht eigentlich alles Freude. Von der sorgfältigen Auswahl dessen, was wachsen soll, über die handfeste Buddelei bis zur Krönung, der Ernte. Und noch schöner ist es natürlich, wenn man es richtigmacht. Denn so sehr man aus Fehlern lernt, ein paar davon kann man sich wirklich sparen.

Auf den nächsten Seiten erfahren Sie, wie Sie sicher auf Ihrem Weg zum Obstgarten vorgehen. Und ein paar Fakten, Hintergründe, Anekdoten und Tipps, an denen Sie sicher auch Ihre Freude haben werden. Oder die vielleicht Inspiration für Neues sind!

WAS DARF'S DENN SEIN?

Weltweit wurden bis heute über 40.000 verschiedene Obstsorten gezüchtet.

Möchten Sie eine Obstbaumwiese wie in Großmutters Garten anlegen oder sind Sie auf der Suche nach kleinen Baumformen, mit denen Sie sich den Traum vom Obstgarten auch im kleinen Garten erfüllen können?

Zum Glück gibt's für jeden Wunsch den passenden Baum und die passende Sorte. Auf den folgenden Seiten lernen Sie die verschiedenen Obstarten kennen und bekommen Entscheidungskriterien an die Hand, mit denen Sie die für Ihren Garten und Ihre Ansprüche passende Obstart auswählen können. Warum es so wichtig ist, sich schon vor dem Kauf Gedanken zu machen? Ein Obstbaum ist kein Gelegenheitskauf wie eine Schale Salatsetzlinge. Obst kann ziemlich alt werden. Ein Johannisbeerstrauch schafft locker 20 Jahre. Eine Süßkirsche kommt erst nach etwa 50 Jahren ins Rentenalter und Birnen entscheiden den Alterswettkampf klar für sich: Noch im stolzen Alter von 200 Jahren tragen sie viele leckere Birnen an ihren noch immer vitalen Zweigen. So mancher Obstbaum kann sich also zum Langzeitprojekt entwickeln, das auch Ihre Kinder und Enkel noch beschäftigen wird. Und ein vorschnell gewählter Obstbaum wird selten gegen einen neuen ausgetauscht.

Der richtige Standort

Nährstoffreichen, humosen und tiefgründigen Boden an einem sonnigen Standort – das mögen alle Obstarten. Doch hat jede Art auch ganz individuelle Wünsche. Je besser Art und Standort zusammenpassen, desto vitaler ist die Pflanze, desto höher ist der Ertrag und desto besser die Fruchtqualität. Behalten Sie bei der Obstbaumwahl nicht nur Ihre eigenen Wünsche im Blick, sondern auch die der von Ihnen erkorenen Obstarten, damit sich schließlich für Sie beide ein Happy End ergibt.

Pflaumen, Johannisbeeren und viele Wildobstarten wachsen fast überall. Äpfel, Sauerkirschen, Quitten, Brombeeren und Erdbeeren nehmen es mit den meisten Böden und Klimaregionen auf. Süßkirschen sind etwas heikel, denn nur auf ihnen zusagenden Böden bleiben sie gesund und wachsen gut. Preiselbeeren und Heidelbeeren haben Sonderwünsche: einen sauren Gartenboden, wie ihn auch Rhododendren lieben. Anspruchsvoll sind auch Pfirsiche und Aprikosen, denen das milde Weinbauklima zusagt, das es jedoch nur in wenigen Regionen gibt. Ebenso Weinreben und Kiwis. Sie wachsen zwar auch in kälteren Lagen, bringen hier aber selten die gewünschten Erträge oder schmackhafte, aromatische Früchte. Doch gibt es auch bei den anspruchsvollen Obstarten Ausnahmen: Regionale Sorten sind besser an das Klima angepasst und bringen sicheren, da früheren Ertrag.

Mit Zwergbäumen wie der selbstfruchtbaren Sauerkirsche 'Nabella' holen Sie sich den Obstgarten auf Balkon und Terrasse.

Riesen und Zwerge

Denken wir an Apfel- oder Kirschbäume, fallen uns sofort die großen Bäume aus dem Garten unserer Großeltern ein, in denen wir herumkletterten oder an denen eine Schaukel hing. Solche Hoch- und Halbstämme nehmen viel Raum für sich in Anspruch, denn damit sich ihre Krone gut entfalten kann, werden sie etwa 6 bis 10 m weit auseinandergepflanzt. Das bedeutet: Je größer der Baum am Ende werden soll, desto weniger Bäume können pro Quadratmeter gepflanzt werden.

In den heute oftmals viel kleineren Gärten haben diese Baumriesen leider keinen Platz mehr. Hier sind Buschbäume, Spindeln und Säulenbäume besser geeignet. Sie sind auf schwachwüchsige Unterlagen veredelt, die hoch werdende Apfel-, Birnen- und Kirschbäume in ihrem Wachstum bremsen. Der Zwergbaum ist mit knapp 1 m Höhe die bis jetzt kleinstmögliche Baumform. Die Mini-Bäume lassen sich besonders gut in Kübeln auf Balkon und Terrasse halten. Der Wermutstropfen des Schwachwuchses ist jedoch: Je kleiner der Baum ist, desto eher ist er erschöpft und muss ausgetauscht werden. Spindelbäume etwa sind nach 15, spätestens 20 Jahren im Greisenalter.

VEREDLUNG MACHT'S MÖGLICH

Alle Obstbäume für den Garten und den Erwerbsobstbau werden veredelt. Die Sorte – sei sie von Apfel, Kirsche oder Pflaume – wird als sogenanntes Edelreis auf eine Unterlage veredelt. Dafür werden verschiedene Methoden angewendet: *Okulation und Pfropfung* MEHR DAZU AUF SEITE 71. Unterlagen können das Wachstum bremsen oder den Anbau auf weniger guten Standorten möglich machen.

HALB- UND HOCHSTÄMME FÜR GROSSE GÄRTEN

In großen Gärten oder auf Streuobstwiesen haben die bis zu 12 m hohen Bäume ausreichend Platz. Halb- und Hochstämme werden auf einen Sämling oder eine starkwüchsige Unterlage veredelt. Mit den Riesen unter den Obstbäumen braucht man Geduld, bis sie das erste Mal gut tragen. Dafür bleiben sie auch mehrere Jahrzehnte in der Ertragsphase und bescheren ihren Besitzern eine mehr als reiche Ernte. Meist nur von einer Sorte allerdings, denn da die Bäume mindestens 6 m auseinanderstehen sollten, bleibt nur wenig Platz für andere Obstarten oder Sorten. Um die Mengen gut bewältigen zu können, kommt es bei der Sortenwahl auf ein möglichst langes Erntezeitfenster, die Lagereignung und die Verarbeitungsmöglichkeiten an. Bei Äpfeln zum Beispiel, ob man sie gut entsaften kann. Schon nach wenigen Jahren haben die Bäume stolze 8 m Höhe erreicht und sind nur noch von der Leiter aus oder mit Teleskopgeräten zu erreichen. Das macht Schnitt und Ernte recht aufwändig. Manchmal übernimmt man auch einen Garten mit solch einem *Obstriesen*. Wie man ihn pflegt und gesund erhält, lesen Sie AUF SEITE 52.

BUSCHBÄUME UND SPINDELN FÜR KLEINERE GÄRTEN

Kleinere Baumformen haben in den letzten Jahrzehnten den Garten erobert. Ihr großes Plus: Sie sind gut ohne Leiter zu pflegen, kommen zeitiger in den Ertrag und können meist ohne Leiter beerntet werden. Buschbäume und Spindelbäume werden im Schnitt nur 2 bis 3 m hoch und haben – passend für kleiner bis mittlere

Verschiedene gängige Baumformen.

Gärten – eine kleinere Krone als die Halb- und Hochstämme. Das liegt an den verwendeten Unterlagen, die einen schwächeren Wuchs bewirken. Solche kleinbleibenden Bäume sind auch in größeren Gärten gern gesehen, etwa wenn mehrere verschiedene Arten und Sorten angebaut werden sollen. Leider sind vor allem die Spindelbäume recht schnitt- und pflegeintensiv. Und spätestens nach 20 Jahren sind sie so erschöpft, das auch ein Verjüngungsschnitt sie nur noch schwer wieder beleben kann.

SÄULEN UND ZWERGE FÜR KLEINE GÄRTEN

Säulenbäume werden etwa 3 bis 4 m hoch, bleiben wegen ihrer kurzen Seitentriebe mit 30 cm Umfang sehr schlank. Ihre Früchte sind genauso groß wie bei den anderen Baumformen. Bei Ballerina- bzw. Columnar-Sorten ist der Säulenwuchs genetisch bedingt, zum Beispiel bei Äpfeln und bei der Birne 'Decora'. Sie sind pflegeleicht, denn sie brauchen nicht geschnitten zu werden. Ab und an erscheinende längere Seitenäste werden auf zwei Augen zurückgeschnitten, wobei die oberste Knospe nach außen weist. Nach sechs bis acht Standjahren wird der Baum im August in seiner Höhe begrenzt, indem der Stamm auf einen kurzen Seitentrieb abgeleitet wird. Schlank wachsende *Nicht-Säulenbirnen* wachsen zwar von Natur aus schlank, müssen jedoch regelmäßig geschnitten werden, Anleitung AUF SEITE 103. Die meisten Säulenbirnen, Säulenkirschen und Säulenpflaumen haben steil aufrecht wachsende Seitentriebe, die ihnen einen schlankeren Wuchs verleihen. Doch im Gegensatz zu den Apfelsäulen braucht es einen größeren Schnittaufwand, um die *Säulenform* zu erhalten (Was zu tun ist, lesen Sie AUF SEITE 103).
Das etwa 2 m hohe Zwergobst bringt trotz kleiner Statur große Früchte hervor. Auf die sehr schwach wachsenden Unterlagen werden schwachwüchsigen Sorten, aber auch eigens ausgelesene, kompakte Sorten (zum Beispiel Apfel 'MiniCox' und die Pflaume 'JoJo') veredelt. Geschnitten und gepflegt werden die Zwergbäumchen wie ihre großen Geschwister.

GÄNGIGE BAUMFORMEN

Baumhöhe und Pflanzabstand sind abhängig von der gewählten Baumform.

	BAUMHÖHE	STAMMHÖHE	PFLANZABSTAND
Hochstamm	bis 12 m	1,50–1,80 m	6–12 m
Halbstamm	bis 8 m	0,80–1,50 m	mindestens 6 m
Buschbaum	2–3 m	0,60–0,80 m	2–3 m
Säulenbaum	3–4 m	0,30 m	0,60 m
Spindel	2–3 m	0,40–0,60 m	1,50–3 m
Schlanke Spindel	2 m	0,40–0,60 m	0,50 m

KLEINE BÄUME PASSEN GUT IN KLEINE GÄRTEN, LEIDER HABEN SIE EINEN NACHTEIL: NACH 25 JAHREN SIND SIE ERSCHÖPFT.

PLATZ SPAREN MIT SPALIEROBST

Durch intensiven Schnitt können fast alle Obstbäume schmal, fast zweidimensional erzogen werden. Spalierbäume begrünen Mauern, sind Raumteiler oder essbare Hecke. Sie können ein Spalier schon vorgeformt kaufen oder selbst aus einem jungen Baum erziehen. Äpfel und Birnen können wegen ihres Wuchsverhaltens sehr streng in geometrische Formen wie U-Spaliere und Verrier-Palmetten gezogen werden. Kirschen, Pflaumen, Pfirsiche und Aprikosen werden als fächerförmige Palmetten erzogen, die keinem strengen Schnittmuster folgen. Mehr zum *Schnitt* erfahren Sie AUF DEN SEITEN 96 UND 107.

Apfel, Birne und Kirsche sind selbstunfruchtbar und brauchen eine Partnersorte, um nach der Bestäubung Früchte anzusetzen. Achten Sie bei der Sortenwahl auf passende Partner.

Sortenwahl

Steht fest, welche Obstart in welcher Wuchsform im Garten einziehen darf, können nun die Sortenkataloge durchstöbert werden. Die bieten eine solche Fülle an Sorten an, dass in diesem Buch nur ein paar wenige, ausgewählte Platz finden können. Fragen Sie in Ihrer Baumschule vor Ort, welche Sorten in Ihrer Region typisch und darum besonders gut geeignet sind. Dort bekommen Sie die Sorten auch auf die für Ihren Standort geeignete Unterlage veredelt.

ZWEI VON EINER ART

Das klingt fast nach der Arche Noah. Doch spielt das Prinzip der Pärchenbildung auch im Garten eine wichtige Rolle. Apfel und Birne sind selbstunfruchtbar, das heißt, dass sich die Blüten einer Sorte nicht gegenseitig bestäuben können.

Es braucht zwei kompatible Sorten, damit Früchte gebildet werden. Die zweite Sorte muss dafür zum Glück nicht im eigenen Garten stehen, wenn der zu klein ist. Hauptsache, sie steht in der Nähe. Fragen Sie in der Nachbarschaft, welche Apfel- und Birnensorten dort wachsen. Suchen Sie dann eine Sorte aus, die von diesen Sorten bestäubt werden kann. Für Kirschen gibt es ausgeklügelte Tabellen für die Partnervermittlung. Pflaumen und Beerenobst sind selbstfruchtbar, brauchen also keinen Partner. Dennoch tragen sie mehr Früchte, wenn eine andere Sorte in der Nähe steht.

GESUNDHEIT

Einige Obstarten leiden unter schweren Pilzkrankheiten, die manchmal sortenbedingt, manchmal auch standortbedingt stärker auftreten und den Baum schwächen können. Von der ausfallenden Ernte ganz zu schweigen. Vor allem in regenreichen Regionen sind pilzresistente oder weniger anfällige Sorten die bessere Wahl. Das macht auch die Pflege einfacher, denn Sie brauchen keine oder nur wenig und dann gezielt Pflanzenschutzmittel einsetzen.

MEIN WUNSCHZETTEL

Bevor Sie in Sortenkatalogen blättern oder in die Obstbaumschule fahren, stellen Sie sich diese Fragen:

Wann möchte ich ernten: früh, spät oder in der Mitte?

Was möchte ich mit den Früchten machen – Naschen, Saft oder Wein daraus bereiten, Kompott machen oder Kuchen backen?

Möchte ich Äpfel und Birnen einlagern?

ALTE ODER NEUE SORTE?

Beide, alte und neue Sorten, haben ihre Berechtigung im Garten. Alte Sorten erinnern uns an unsere Kindheit und wir haben sofort die Aromen von damals in der Nase. Doch wie alt sind die alten Sorten und wie jung die neuen? Sprechen wir von alten Obstsorten sind zum einen Sorten gemeint, deren Ursprünge bis ins 17. Jahrhundert oder noch früher zurückverfolgt werden können, zum anderen Sorten, die erst vor rund 100 Jahren bekannt wurden. Schenken Sie hier besonders den Lokalsorten in Ihrer Region Beachtung. Manchmal entsprechen die alten Sorten nicht mehr unserem heutigen Obstessverhalten oder unserem Geschmack. Denn viele sind sogenannte Wirtschafts- und Lagersorten, die erst nach der Verarbeitung oder einer längeren Zeit im Lager gut schmecken. Neue Obstsorten sind Neuzüchtungen ab den 50er-Jahren. Durch das Einkreuzen von Wildarten wurden bewusst gegenüber pilzlichen Krankheitserregern resistente und tolerante Sorten gezüchtet.

Wenn Sie Ihre Sortenfavoriten beisammen haben, machen Sie am besten zur Reifezeit einen Besuch in einer Obstbaumschule oder besuchen Sie eine Verkostung. Da können Sie dann die reifen Früchte probieren und den Geschmack entscheiden lassen. Und im Herbst kommen Sie wieder und kaufen Ihren Favoriten.

REGIONALE SORTEN

Neben den bekannten historischen Sorten wie der 'Ananasrenette', gibt es auch eine ganze Reihe alter lokal oder regional angebauter Sorten, die überregional weniger bekannt sind. Dazu gehören zum Beispiel der 'Altländer Pfannkuchenapfel' aus dem Alten Land bei Hamburg oder der 'Halberstädter Jungfernapfel' aus dem Harz. Diese Sorten wurden in ihrer Anbauregion entdeckt oder gezielt ausgelesen und sind bestens an Klima- und Bodenverhältnisse vor Ort angepasst. Naturschutzverbände und Streuobstwiesenvereine sammeln solche Sorten und pflanzen sie in Sortengärten. So bleiben Wissen und Sorten für die Zukunft erhalten. Regionale Obstbaumschulen vermehren die Sorten durch Veredlung. Nachteile regionaler Sorten sind jedoch, dass sie meist nur auf starkwachsende Unterlagen veredelt werden können und teils anfällig für typische Pilzkrankheiten sein können. Regionalen Sorten sind vor allem für neu angelegte oder verjüngte Streuobstwiesen sehr gut geeignet.

BLÜTEN UND HERBSTLAUB

Im Frühling bezaubern uns Obstgehölze mit ihrer zartweißen bis rosafarbenen Blüte. Rote Weinsorten haben eine atemberaubende Herbstfärbung. Quitten und Felsenbirnen haben im Alter einen sehr schönen Wuchs, was vor allem im Winter gut zur Geltung kommt. Und einige Wildobstarten wie Holunder und Felsenbirne punkten sowohl mit duftigen Blüten als auch mit einer schönen Herbstfärbung.

Bei Obstgehölzen wird die Herbstfärbung oft nicht beachtet. Schade, denn Kupfer-Felsenbirnen färben sich prachtvoll rotorange, Kirschen und Wein teils sattgelb.

Jetzt wird geshoppt

Obstgehölze gibt es im Frühling und Herbst fast überall, im Sommer nur im Gartenfachhandel. Die beste Qualität kaufen Sie in Obstbaumschulen. Dort werden Sie fachlich beraten und nicht nur nach Ihren Wünschen gefragt, sondern auch nach den Bodenverhältnissen in Ihrem Garten. Seien Sie also vorbereitet … Auch Gartencenter, Baumärkte und Lebensmittelhändler bieten im Frühjahr und Herbst Obstgehölze an – oft sogar in guter Qualität. Nur die fachliche Beratung dazu gibt es selten oder gar nicht.

SCHAUEN SIE AUFS ETIKETT

Spontankäufe im Supermarkt oder Baumarkt sind okay. Nehmen Sie sich jedoch ein paar Minuten Zeit, um sich die Ware genau anzuschauen. Fangen Sie beim Etikett an: Es sollte erkennbar sein, wie groß die Bäume einmal werden. Das ist in meinen Augen die wichtigste Information, doch ist sie manchmal gar nicht so leicht zu finden. Selten steht auf dem Etikett, ob auf eine stark- oder schwachwachsende Unterlage veredelt wurde. Dafür steht die endgültige Baumhöhe auf dem Etikett. Wenn nicht, lassen Sie lieber die Hände von diesem Bäumchen! Weiterhin sollten der Sortenname, mögliche Bestäubersorten, vor allem bei Kernobst und Süßkirschen, und die Reifezeit angegeben sein. Trotzdem ist man vor Überraschungen wie einem vertauschten Etikett nicht gefeit. Unproblematisch sind Spontankäufe bei Johannisbeeren, Stachelbeeren, Himbeeren und Erdbeeren, denn hier gibt es im Wuchs kaum Unterschiede.

DER ERSTE EINDRUCK

Bei jedem Kauf schauen Sie sich den Zustand des Gehölzes an: Bäume haben einen Mitteltrieb und mehrere gut verteilte Seitentriebe. Der Stamm ist nicht verletzt und die Veredlungsstelle gut verwachsen. Bei wurzelnackten Pflanzen dürfen die Zweige nicht beschädigt sein. Die Wurzeln sind gut ausgebildet und die Hauptwurzeln sind nicht zu kurz angeschnitten. Sie können genügend gesunde, feinere Faserwurzeln sehen. Wenn Containerpflanzen schon belaubt sind, sollten die Blätter gesund und frei von Schädlingen sein. Wächst viel Moos auf dem

Im Herbst gibt es in Baumschulen und Gärtnereien eine größere Auswahl an Obstsorten als im Frühling und Sommer. Die Bäumchen werden wurzelnackt, d.h. ohne Ballen, angeboten.

Ballen, steht das Gehölz schon länger im Topf. Dann können sich wegen des Platzmangels im Topf sogenannte Drehwurzeln bilden. Diese wachsen auch aus dem Topf befreit weiter kreisförmig. Das Gehölz ist dann nicht standfest, was vor allem bei Bäumen ab Buschbaumgröße ein Problem werden kann. Ziehen Sie im Zweifel den Ballen aus dem Topf und schauen Sie sich die Wurzeln an.

Wurzelnackte Gehölze werden während der Vegetationsruhe angeboten. Beim Roden in der Baumschule verlieren sie einen Teil ihrer Wurzeln. Die teureren Containerpflanzen werden das ganze Jahr über angeboten. Da sie im Topf wachsen, verlieren sie beim Pflanzen keine Wurzeln. Sie wachsen zügig an.

Pflanzzeit ist's

Für wurzelnackte Pflanzen ist von Oktober bis Mitte Dezember die beste Pflanzzeit, sofern der Boden nicht gefroren ist. Im Herbst können die feinen Faserwurzeln noch einwachsen, sodass die Bäumchen im Frühling gut durchstarten können. Im März und April können die Wurzelnackten zwar auch noch gesetzt werden, nur sind sie dann der Frühjahrstrockenheit ausgesetzt und brauchen mehr Pflege. Containergehölze sind unkompliziert. Sie können das ganze Jahr über außer in Frostperioden gepflanzt werden. Im ersten Jahr sollten Sie sie während längerer Trockenphasen ausgiebig wässern.

EINEN BAUM PFLANZEN

Das brauchen Sie

Spaten und Grabegabel

Pfahl aus Eichen- oder Kastanienholz, für Halb- und Hochstämme ca. 2,40 m lang und mit 5 bis 10 cm Durchmesser bei Hochstämmen, sonst so lang, dass er eingeschlagen bis an den untersten Leittrieb reicht

Kokosstrick oder anderes Bindematerial

evtl. unverzinktes Wühlmausgitter

Kompost, verrotteter Mist oder organischer Dünger

Gartenschere

Wasser

DIE PFLANZEN VORBEREITEN

Wurzelnackte Pflanzen werden etwa 12 Stunden in einen Eimer mit Wasser gestellt, bei Frühjahrspflanzungen bis zu 24 Stunden. Im Wasserbad saugen sich die Wurzeln mit Wasser voll. Beim Pflanzschnitt passen Sie die Krone dem geringeren Wurzelvolumen an, damit der Baum gut versorgt wird. Containergehölze tauchen Sie kurz in einen Eimer Wasser, bis keine Luftblasen aus dem Ballen mehr aufsteigen. Der Topfballen wird vorsichtig auseinandergezogen und die Wurzeln gelockert.

DIE PFLANZGRUBE AUSHEBEN

Die Pflanzgrube sollte ausreichend groß ausgehoben werden, damit sich die Wurzeln des Bäumchens gut im Boden entfalten können: mindestens 40 cm tief und etwa 70 × 70 cm in der Fläche. Lagern Sie die oberen 30 cm Boden, den Oberboden, neben der Grube. Er wird mit zwei bis drei Schaufeln Kompost, verrottetem Mist oder einem organischen Dünger (nach Packungsanweisung) vermischt. Lockern Sie den Grubenboden gut mit einer Grabegabel oder einem Spaten. Auf der Wetterseite, in Hauptwindrichtung, schlagen Sie für Bäume und Beerenobsthochstämme einen Holzpfahl etwa eine Handbreit vom Mittelpunkt der Pflanzgrube in den Boden ein.

DAS GEHÖLZ EINSETZEN

Ein Drittel des aufgebesserten Oberbodens schütten Sie in die Grube. Verletzte Wurzeln schneiden Sie zurück. Obstbäumchen werden so tief in die Pflanzgrube gesetzt, dass sich die Veredlungsstelle etwa 10 bis 20 cm über der Erdoberfläche befindet. Beerensträucher setzt man tiefer, damit sie aus dem Boden genügend neue Triebe bilden. Wiederum ein Drittel des Erdaushubs einfüllen, fest antreten und gut mit Wasser einschlämmen. Das Wühlmausgitter wird entweder direkt um den Wurzelhals geschlossen oder knapp über der Erdoberfläche abgeschnitten. Zum Schluss füllen Sie die noch übrige Erde ins Pflanzloch, dabei einen Gießring formen und noch einmal wässern.

So wird gepflanzt: Die Pflanzgrube ausheben, mit Wühlmausgitter auskleiden, Baum und Pfahl einsetzen, angießen und die Krone formen.

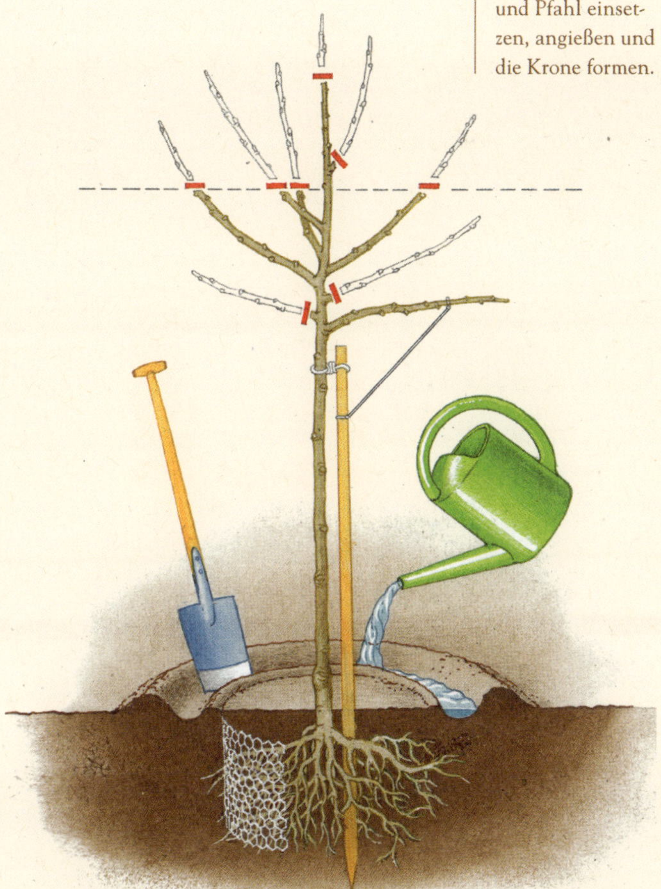

ANBINDEN

Unterhalb der Baumkrone wird das Bäumchen am Pfahl fixiert. Dabei schlingt man den Kokosstrick mehrmals als Acht um Baum und Pfahl. Der Pfahl sorgt für Stabilität in den ersten Jahren, bei Spindelbäumen das ganze Leben lang. Denn bei starkem Wind kann die Hebelwirkung zwischen belaubter Krone und Wurzel dazu führen, dass die feinen Faserwurzeln im Boden reißen und der Baum nur noch ungenügend mit Wasser und Nährstoffen versorgt werden kann.

Auch mit selbstgemachten Betongewichten bringen Sie die Äste in die Waagerechte.

DIE KRONE FORMEN

Mit dem Pflanzschnitt legen Sie das Grundgerüst der späteren Krone fest. Suchen Sie um den Mitteltrieb herum drei bis vier gut verteilte Leitäste (Leittriebe) aus, die etwa im 45 °-Winkel von der Mittelachse abstehen. Diese Triebe formen die Krone, sorgen für Stabilität und Größe bei älteren Bäumen. Alle übrigen Triebe werden am Stamm entfernt. Leitäste und Mitteltrieb kürzen Sie etwa auf die Hälfte ein. Dabei sollte der Mitteltrieb etwa eine Scherenlänge höher stehen als die Leitäste und alle Leitäste in derselben Höhe enden. So entsteht die Saftwaage, die die Krone ins Gleichgewicht bringt. Starkwüchsige Sorten kürzt man nur um ein Drittel, um ihr Wachstum zu bremsen. Bei Beerensträuchern werden je nach Art alle Triebe bis auf sechs bodennah entfernt. Die verbliebenen kürzt man um etwa ein Drittel.

Steil aufrechte, noch biegsame Triebe können Sie mit Astklammern abspreizen oder mit Schnüren nach unten binden. Die Schnüre werden entweder am Baum oder bei kleinen Baumformen mit Heringen im Boden fixiert.

BINDEN UND SPREIZEN

Manchmal stehen die Leittriebe nicht im idealen Winkel vom Mitteltrieb ab. Dann kann man sie mit Bindeschnur, Klammern und Gewichten in eine günstigere Position bringen. Zu steile Triebe werden in einen 45 °-Winkel herabgezogen und mit Schnur am Stamm fixiert oder mit Astklammern abgespreizt. Werden die unteren Triebe überdehnt, fördert das den Fruchtansatz auf der Trieboberseite.

DIE ERSTEN JAHRE

Die Baumscheibe wird mit Mulch aus Rasenschnitt, Stroh oder Laub abgedeckt. Sie bleibt in den ersten Jahren frei von Bewuchs, denn Rasengräser, Stauden und Unkräuter sind direkte Nahrungskonkurrenten für den jungen Baum. Nach ein paar Jahren, wenn sich der Obstbaum gut etabliert hat, können Sie ihn mit Stauden, Kräutern und Gemüse *unterpflanzen* AUF SEITE 79. Während längerer trockener Phasen wird durchdringend gewässert. Die Krone wird weiter geformt: Konkurrenztriebe entfernen Sie an der Basis und zu steil wachsende Triebe schneiden Sie bis zu einem flacher wachsenden Seitenast zurück, um das Wachstum von Fruchttrieben zu fördern. Das nennt man auch „Ableiten". Der Neutrieb an Leitästen und Mitteltrieb wird jedes Jahr im Spätwinter um ein Drittel zurückgenommen.

Standortnachteile ausgleichen

Nicht immer sind die Boden- und Klimaverhältnisse im Garten ideal für Obstkulturen: Es ist zu kalt, der Boden ist zu leicht oder zu schwer oder es stand jahrelang ein Obstbaum derselben Art an der neuen Pflanzstelle. Mit Tricks lassen sich ein paar Standortnachteile beheben.

BODENMÜDIGKEIT

Wird ein junger Apfelbaum an dieselbe Stelle gepflanzt, wo vorher schon ein Apfelbaum stand, wächst er nur kümmerlich. Das liegt daran, dass der alte Apfelbaum einen ausgelaugten Boden und aggressive Wurzelausscheidungen zurückgelassen hat. Man spricht von Bodenmüdigkeit. Jungbäume werden darum an eine andere Stelle gepflanzt, um ihnen gute Wachstumsbedingungen zu geben. Ist das nicht möglich, weil der Garten zu klein ist, muss die Pflanzgrube mindestens doppelt so groß ausgehoben werden, wie die Wurzel des neuen Baums misst, und so gut es geht von alten Wurzelresten befreit werden. Der Aushub wird durch Gartenerde einer anderen Stelle ersetzt. Auch Birnen, Süß- und Sauerkirschen, Pflaumen, Aprikosen und Pfirsiche hinterlassen einen müden Boden.

MIKROKLIMA NUTZEN

Mit ein paar Tricks können Sie Pfirsiche und Aprikosen, die eher für ein Weinbauklima geeignet sind, auch in kühleren Regionen ansiedeln. Setzen Sie die empfindlichen Bäumchen zum Beispiel an eine sonnengewärmte Süd- oder Südwestmauer. Die Mauer wärmt sich in der Sonnenstrahlung auf und gibt die Wärme nachts wieder ab. Im Frühjahr besteht dann jedoch recht oft Spätfrostgefahr und die Bäumchen samt Blüten müssen abgedeckt werden. Oder die Baumscheibe wird im Winter mit Mulch abgedeckt, die hält den Boden länger kühl und die Bäume treiben nicht zu früh aus. Sie können empfindliche, vor allem kleinbleibende Obstarten auch im Kübel kultivieren und an einem frostfreien Platz überwintern.

Nutzen Sie Wände und Mauern aus Stein als Standort für Obstspalier, denn die Steine speichern die Sonnenwärme und geben sie nachts wieder ab. Das lässt Birnen, Aprikosen und Pfirsichen auch an unwirtlichen Standorten gedeihen.

BODENVERBESSERUNG

Kaum ein Gartenboden bietet ideale Voraussetzungen. So kann er aufgebessert werden.

BODENART	EIGENSCHAFTEN	VERBESSERUNG DURCH
sandige Böden	sind eher trocken und nährstoffarm, weniger fruchtbar; sie sind selten staunass und erwärmen sich im Frühjahr schnell	Humuseintrag durch Kompost und Mulch, Kalken, Bewässerung
sandige Lehmböden	haben eine bessere Nährstoff- und Wasserspeicherung als sandige Böden, sind gut durchlüftet	Humuseintrag durch Kompost und Mulch, Kalken
Tonböden	speichern sehr gut Wasser, neigen jedoch zu Staunässe; im Frühjahr bleiben sie lange kalt; ihr Nährstoffgehalt ist meist hoch	Entwässerung (Dränage), Lockerung, Kalken, Humuseintrag

LÄSST SICH IHR BODEN GUT ZU EINER WURST FORMEN, IST ER EHER TONIG. ZERBRÖSELT ER DABEI, IST ER SANDIG.

Wenn Obstgehölze alt werden

Übernimmt man einen eingewachsenen Garten, stehen darin oft schon Beerensträucher und ein paar Obstbäume. Letztere sind, vor allem wenn sie vor sehr langer Zeit gepflanzt wurden, schon Veteranen im Geschäft und brauchen besondere Pflege. Beerensträucher regenerieren sich aus neuen Bodentrieben. Verwahrloste Beerengreise können mit einem radikalen Schnitt noch einmal verjüngt werden. Stachel-, Johannis- und Brombeeren können Sie über Steckhölzer oder Absenker vermehren, wenn es eine besondere Sorte ist. Himbeeren bilden viele Ausläufer, die Sie ausgraben und an anderer Stelle einpflanzen können.

ALT WIE EIN BAUM?

Obstbäume können richtig alt werden: Ein gut gepflegter Birnenbaum kann das stolze Alter von 200 Jahren sogar überschreiten und immer noch viele Früchte liefern. Steinobstbäume sind dagegen schon nach 50 Jahren im Rentenalter, ihr Ertrag sinkt. Versuchen Sie herauszufinden, wie alt die Bäume in Ihrem Garten sind: Fragen Sie die alten Besitzer oder die Nachbarn. Auch an einem dicken Stammumfang, dicken Ästen, eher nach unten hängenden Zweigen, geringem Neuaustrieb und Flechtenbewuchs können Sie ein hohes Alter ablesen.

Alte, knorrige Obstbäume bringen bei guter Pflege nicht nur eine reiche Ernte, sondern sind auch Abenteuerspielplatz für Kinder und bieten Unterschlupf für viele Tiere.

RAMBLER FÜR ALTE BÄUME

Ist der Baum noch nicht bruchgefährdet, wird er zur Kletterhilfe für Ramblerrosen und die beiden Clematis-Arten *C. montana* und *C. alpina*. Die anspruchslosen, bis zu 6 m hohen Ramblerrosen werden anfangs an Seilen in die Krone hinaufgeleitet, danach ranken sie allein weiter. Gut geeignet sind zum Beispiel die violett blühende Sorte 'Russeliana', die gelb-weiße 'Gold Finch' und die violett-rosa 'Paul's Himalayan Musk'. Für die zarteren Clematistriebe wird Kaninchendraht um den Stamm gelegt, in dessen Maschen man die Triebe einflechtet.

EINEN HOCHSTAMM VERJÜNGEN

Doch sagt die Jahreszahl bei Bäumen nichts über das physiologische Alter, ihre Vitalität, aus. Bäume altern anders als Menschen. Bei guter Pflege können die Bäume auch im hohen Alter noch im Ertrag stehen. Werden sie dagegen wenig gepflegt, sinkt die Vitalität und die Bäume verfallen ins Nichtstun. Bäume mit zu dichter Krone und altem, knorrigem Fruchtholz, wurden schon längere Zeit nicht mehr oder nur wenig geschnitten. Bei einer über 50 Jahre alten, vergreisten Kirsche lohnt es sich meist nicht mehr, sie zu verjüngen. Doch muss sie nicht gleich gefällt werden, denn sie ist *Lebensraum* für viele Tiere, mehr dazu AUF SEITE 88. Bei Apfel und Birne kann man dagegen beherzt Säge und Astschere ansetzen und den Baum durch einen starken Rückschnitt dazu bringen, stark auszutreiben und sich sozusagen zu verjüngen. Aus dem kräftigen Neuaustrieb wird über mehrere Jahre eine neue Krone aufgebaut und der Baum in die Ertragsphase zurückgeführt.

DIE SORTE BESTIMMEN

Alte Bäume schenken uns Zeit, denn sie stehen bereits im vollen Ertrag und man braucht nicht lange warten, bis sich die Ernte lohnt. Doch wie heißt denn nun der Apfel oder die Birne? Im Herbst bieten Pomologenvereine auf Erntefesten an, Apfel- und Birnensorten zu bestimmen. Pomologen beherrschen die Kunst, Früchte anhand ihrer äußeren Merkmale, des Kerngehäuses und des Geschmacks zu bestimmen. Und das bei mehr als 2000 Apfelsorten! Kurz vor dem Bestimmungstermin ernten Sie drei bis fünf durchschnittlich große, reife, gesunde Früchte aus dem oberen, sonnenbeschienenen Drittel der Südhälfte des Baums. Wichtig ist, dass die Früchte sortentypisch gefärbt sind, der Stiel dranbleibt und die Früchte nicht gewaschen oder gar poliert werden. Sie möchten wissen, welche Kirschen- oder Pflaumensorte bei Ihnen wächst? Auch dabei können Ihnen die Pomologen helfen.

WENN DIE SORTE NICHT PASST

Ärgerlich, wenn der Apfelbaum im Garten ein sogenannter Augustapfel ist, der in kurzer Zeit einen riesigen Berg Äpfel liefert, die wenig aromatisch und kaum lagerfähig sind. Ist der Baum noch nicht vergreist, kann er umveredelt werden. Im Frühjahr werden nach dem Austrieb ein oder mehrere Edelreiser einer oder verschiedener Sorten auf die Leitäste mittels der Methode „Pfropfen hinter die Rinde" veredelt. Die Sorten sollten alle ähnliche Wuchseigenschaften haben, also eher schwach- oder eher starkwüchsig sind. Die Krone wird unausgeglichen, wenn die starkwüchsige Sorte stärker wächst als die schwachwüchsige. Das Umveredeln können Sie selbst machen, wenn Sie schon ein wenig Erfahrung im *Veredeln* haben AUF SEITE 71 oder Sie fragen bei Obstbauvereinen oder Obstbaumschulen nach. Auch andere Baumobstarten können umveredelt werden.

PFROPFEN HINTER DIE RINDE

Mit dieser Veredlungstechnik können Sie aus einem Einsorten-Baum einen Mehrsorten-Baum machen.

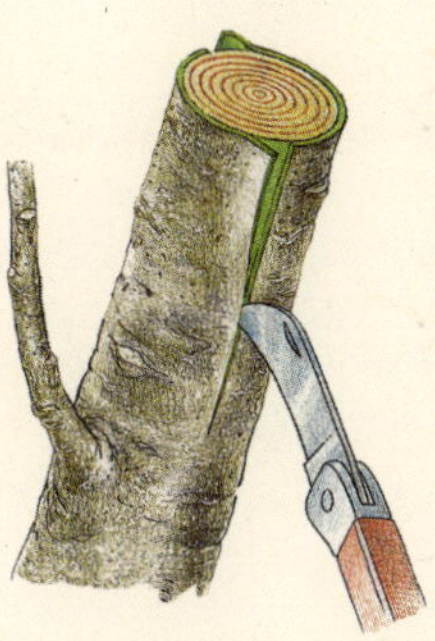

1

Die Rinde des Astendes wird längs eingeschnitten.

2

Ein schräg angeschnittenes Edelreis wird dazwischengeschoben.

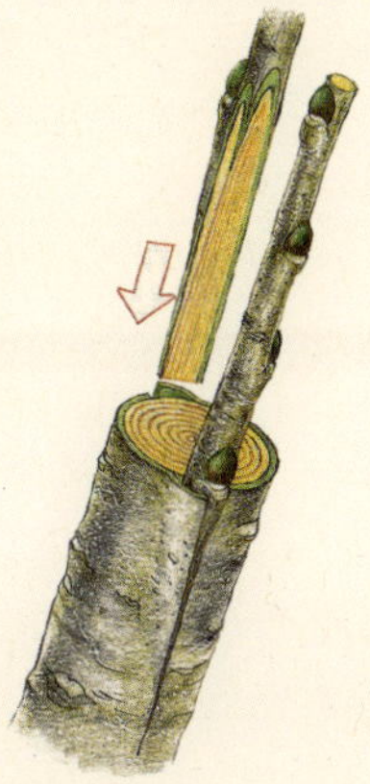

3

Mit Bast oder Kunststoffband verbinden.

Für die Umveredlung werden die Leitäste und der Mitteltrieb im Winter stark zurückgeschnitten: Dickere Äste 1 bis 1,50 m. Die zu veredelnden Äste haben einen Durchmesser von 3 bis 6 cm, sie bleiben zunächst etwa 20 cm länger und werden kurz vor dem Veredeln noch einmal angeschnitten. Wichtig ist, dass die Leitäste in Saftwaage sind. Für die Veredlung wird die Rinde eines Astendes längs eingeschnitten und die Rindenflügel mit dem Messerrücken leicht angehoben. Ein schräg angeschnittenes Edelreis wird dazwischengeschoben. Mit Bast oder Kunststoffband verbinden. Auf der gegenüberliegenden Seite des Astes genauso verfahren. Nach der Veredlung verstreicht man das Astende mit Baumwachs. Nach etwa zwei bis drei Wochen treiben die Edelreiser aus, manchmal kann es länger dauern. Die unterhalb des veredelten Astendes entstehenden Neutriebe bleiben bis zum Frühsommer stehen. Danach entfernt man alle Jungtriebe bis auf 30 cm unterhalb des Astendes. Weiter unten stehende Triebe werden entspitzt oder waagerecht gebunden. Das oberseitig stehende Edelreis wird zum neuen Leittrieb erzogen, das untere Edelreis wird ihm untergeordnet (siehe *Schnitt* AUF SEITE 69).

BÄUME MIT ZWEI ODER DREI SORTEN KÖNNEN SIE AUCH SCHON ALS JUNGBÄUME KAUFEN.

SOMMER IM GARTEN: DIE FREIZEIT GENIESSEN

Sobald die Tage wärmer werden, wird der Obstgarten zum zweiten Wohnzimmer im Grünen. Entspannen Sie ruhig schaukelnd in einer Hängematte. Unterm schattenspendenden Apfelbaum laden Sie zu Spiel und Spaß ein. Oder Sie rufen die Freunde zur Kirschernte mit abschließendem Kirschenschmaus.

EINFACH MAL ABHÄNGEN

... und nichts tun. Lassen Sie die Seele baumeln und schaukeln Sie sanft unter dem grünen Blätterdach zweier Obstbäume hin und her. Die Hängematte aus wetterfestem, wasserabweisendem und UV-stabilem Stoff hängt sicher an dicken Seilen, die zweimal sich kreuzend um starke, bruchsichere Äste gelegt werden. Oder sie wird mit Manschetten und Karabinerhaken befestigt. Die Befestigung sollte nicht zu fest gespannt sein, damit sie nicht in den Baum einwächst. Zwischen Boden und Hängematte sollten etwa 50 cm Raum bleiben.

HOCH BIS IN DEN HIMMEL

Kinder werden von der Schaukel im Baum magisch angezogen. Daher unbedingt auf die Sicherheit achten: Der Ast sollte bruchsicher sein und das Gewicht von Schaukel und schaukelndem Kind gut aushalten. Machen Sie vorher einen Wipptest, indem Sie sich an den Ast hängen. Die Schaukel wird mit Schellen oder festem Kletterseil angebracht. Gitterschaukeln sind rundum gesichert, damit die Kleinsten nicht herausfallen. Für die Größeren gibt es einfache Brettschaukeln. Werden da Kindheitserinnerungen wach? Es gibt auch Schaukeln für Erwachsene und Hängesessel, die elegante Mischung aus Schaukel und Hängematte.

EIN FEST UNTERM KIRSCHBAUM

Für ein kleines Gartenfest findet sich immer ein Anlass. Rufen Sie Ihre Liebsten zum Beispiel zur Kirschenernte zusammen. Erst wird gemeinsam geerntet und ein Teil vielleicht schon zu Marmelade, Kompott oder Kuchen verarbeitet. Das geht mit vielen Händen um einiges schneller, als wenn Sie zu zweit oder gar allein ernten. Und abends wird die Kirschenernte mit selbstgemachtem Kirschkuchen gefeiert und mit einem Longdrink auf Basis von Kirschsaft und Wodka oder Rum angestoßen.

ES WERDE LICHT

Laue Sommerabende können manchmal bis in die frühen Morgenstunden dauern, besonders wenn sie tropisch mild sind. Gemütlich wird's mit Kerzenlicht, mit warmweißen LED-Teelichtern oder Lichterketten für den Außenbereich. Teelichter, ob mit Docht oder anheimelnd flackernden LED-Lämpchen, werden in kleinen Papierlampions oder in Einmachgläsern in den Baum gehängt oder auf den Tisch gestellt. Solarlampen machen von Strom und Batterie unabhängig und sind im Sommer schnell aufgeladen. Übrigens tut es der Natur gut, wenn sie mit einem Schalter ausgestellt werden können.

NUR KEINE LANGEWEILE

Bevor eine Langeweile-Flaute das Gartenfest erreicht, sorgt man besser vor: mit Spielen für den Garten. Da können sich Kinder richtig auspowern und nebenher noch ihre Geschicklichkeit trainieren. Und so manch Erwachsener übt sich auch gern mal am Kinderspiel … etwa beim Croquet, Boule (Boccia) oder Minigolf, bei Riesenmikado, Handfederball oder Ladder Toss, bei dem mit zwei Kugeln beschwerte kurze Seilstücke über ein Geländer geworfen werden. Das ist gar nicht so einfach! Und wer es noch sportlicher mag, spannt ein Balancierseil bzw. eine Slackline zwischen zwei Bäume.

DAS PFLEGE-PROGRAMM

Obstbäume brauchen nicht jeden Tag unsere Aufmerksamkeit. Da bleibt Zeit für die Hängematte.

Haben Obstgehölze ihre Kindheit erst einmal hinter sich gelassen und haben sich eingewöhnt, sind sie erstaunlich pflegeleicht und kein bisschen aufmüpfig-pubertär. Nur Erdbeeren wollen etwas mehr Aufmerksamkeit.

Gemüse braucht vom Frühjahr bis zum Herbst eine stetig pflegende Hand, die Dünger gibt, gießt oder Unkraut jätet. Obst dagegen ist in der Regel erstaunlich wenig pflegeintensiv. Die Pflegeeinheiten konzentrieren sich im Frühjahr und Winter, dann wird gedüngt und die meisten Arten werden geschnitten. Das kann schon mal anstrengend werden, wenn viele Obstgehölze im Garten stehen. Doch wird die Mühe ab dem Sommer immer belohnt! Besonders wichtig, doch oft vernachlässigt, ist das Wässern. Gerade im trockenen Sommer entscheidet die Wasserversorgung über Erntemenge und Qualität der Früchte – und das mehr noch als die Düngung. In diesem Kapitel finden Sie alles rund um die Pflege und welche allgemeinen Krankheiten und Schädlinge Ihren Obstgehölzen auf die Pelle rücken. Spezielle Pflegehinweise gibt es bei den jeweiligen Porträts ab Seite 88.

Düngen

Je größer und älter ein Baum ist, desto weniger muss er gedüngt werden. Mit seinen tiefreichenden Wurzeln versorgt er sich aus tiefen Bodenschichten selbst. Und wenn sie in Rasenflächen oder neben Gemüsebeeten stehen, werden sie hier meist mitversorgt. Bäume leiden nicht unter Nährstoffmangel, solange sie gut und regelmäßig tragen und neue Triebe bilden. Sobald sie in diesen beiden Punkten nachlassen, gibt man ihnen zunächst Stickstoff in Form von Hornspänen, Hornmehl oder verrottetem Mist. Volldünger und Kompost bleiben erst einmal außen vor, denn in ihnen ist zusätzlich Kalium und Phosphor enthalten. Diese beiden Nährstoffe sind in Gartenböden meist ausreichend bis übermäßig vorhanden. Das schadet den Pflanzen zwar nicht, die Nährstoffe werden jedoch im Boden angereichert.

Die Stickstoffgabe wird auf zwei Termine verteilt: Ende März/Anfang April zur Blüte und Anfang/Mitte Juni während des Fruchtwachstums. Geben Sie den Dünger nicht an den Stamm. Hier wirkt er nicht, denn die aufnahmefähigen Faserwurzeln liegen vor allem am äußeren Rand der Baumkrone. Verteilen Sie den Dünger auf der Baumscheibe. Steht der Baum im Rasen, werden in regelmäßigen Abständen Löcher in die Narbe gestochen und Flüssigdünger hineingegossen. Geben Sie ab August keinen Stickstoff mehr. Die Triebe würden nicht mehr ausreifen und im Winter erfrieren. Schwachwachsende und junge Obstgehölze sowie Beerensträucher werden regelmäßig im Frühjahr mit verrottetem Mist, Hornmehl oder Hornspänen gedüngt.

Stehen Obstbäume im Rasen, bedarf es eines Tricks, damit der Dünger auch dem Baum zugute kommt. Denn wird nur oberflächlich unter der Kronentraufe gedüngt, ist vor allem der Rasen Nutznießer. Stechen Sie mit einer Grabegabel pro m² 2–3 schmale Spalten in den Rasen, bis etwa 2 m über die Kronentraufe hinweg. In diese Spalten gießen Sie den dosierten Flüssigdünger.

DEN BODEN TESTEN LASSEN

Möchten Sie genau wissen, welche Nährstoffe im Boden vorhanden sind, können Sie eine Probe in einem Bodenanalyselabor untersuchen lassen. Gibt man an, dass auf der Fläche zum Beispiel Obstbäume, Beerensträucher oder Erdbeeren stehen oder stehen sollen, bekommt man zusätzlich zu den Analyseergebnissen Düngehinweise, um Defizite auszugleichen. Bodenanalysen können Sie während der gesamten Gartensaison in Auftrag geben, am besten aber im Spätherbst. An mehreren Stellen auf der zu untersuchenden Fläche wird einen Spaten tief Erde ausgehoben. Bei bestehenden Pflanzungen im äußeren Kronenbereich. Die Proben werden dann in einem Eimer vermischt und 500 g davon in einen Gefrierbeutel abgefüllt. Sie können die Probe mit einem formlosen Schreiben einschicken, versehen mit dem Hinweis auf die Nutzungsform des Gartens und dass die Hauptnährstoffe untersucht werden sollen. Oder Sie verwenden ein Formular, das die meisten Labore auf ihren Webseiten zum Download anbieten.

WENN NÄHRSTOFFE FEHLEN

Einige Apfelsorten neigen zu einem Kalziummangel in der Frucht, der die Stippe hervorruft: kleine, braune, leicht eingesunkene Flecken auf der Schale. Das kann unterschiedliche Auslöser haben. Bei empfindlichen Sorten wie 'Boskoop', 'Cox Orange' und 'Goldparmäne' hilft vorbeugend ab Mitte Juni eine mehrmalige Blattdüngung mit Kalziumdüngern (z. B. Kalksalpeter). Weitere *Maßnahmen* sind Gießen bei Trockenheit und Fruchtausdünnung AUF SEITE 91. Stippefreie Sorten sind u. a. 'Rubinette', 'Piros' und 'Topaz'.

Stippe: Die braunen, leicht eingesunkenen Flecken auf den Äpfeln mindern nicht nur den Geschmack, sondern auch die Lagerfähigkeit.

Bei Heidelbeeren und anderen sauren Boden liebenden Gehölzen kann man Eisenmangel beobachten, wenn die Pflanzen in basischem Substrat stehen oder aus dem für sie bereiteten sauren Beet herausgewachsen sind. Typisches Symptom sind gelbe Blätter und deutlich hervortretende grüne Blattadern. Auch wenn genügend Eisen im Boden vorhanden ist, können sie es durch die basische Bodenreaktion nicht aufnehmen. Schnelle Abhilfe schafft eine Blattdusche mit Eisendünger. Langfristig wird der Boden mit sauer wirkenden Substraten verbessert.

DIE VERSCHIEDENEN DÜNGER

Die Hauptnährstoffe Stickstoff, Kalium und Phosphor, die Pflanzen zum Leben brauchen, sind in Volldüngern enthalten. Bio-Dünger sind rein organisch oder bestehen aus einem Mix aus organischen und mineralischen Bestandteilen, die natürlichen Ursprungs sind und keine chemischen Zusätze enthalten. Die Ausgangsstoffe können tierisch oder pflanzlich sein. Oft werden sie mit Zusätzen vermischt wie Hornmehl, Federn, Guano (Guano ist ein phosphatreiches Produkt aus Seevogelkot), Mykorrhiza-Pilzen und anderen Mikroorganismen, Melasse als Kaliumlieferant, fermentiertem Traubentrester und mineralischen Gesteinskomponenten, zum Beispiel Kieserit oder Urgesteinsmehl. Mittlerweile gibt es auch Dünger rein pflanzlicher Herkunft.

Organische Dünger wie Kompost, Stallmist oder Rindenhumus können anders als die mineralischen Dünger nicht direkt von den Pflanzen verwertet werden. Sie müssen erst von Bodenorganismen abgebaut werden, damit die Nährstoffe für die Pflanzen verfügbar sind. Organische Dünger wirken deshalb relativ langsam, dafür hält ihre Wirkung lange an. Hornspäne brauchen zum Beispiel zwei bis drei Jahre, bis sie nach und nach komplett abgebaut sind.

Auch organischer Dünger kann überdosiert werden! Wird zum Beispiel jedes Frühjahr eine 1 bis 2 cm dünne Schicht Kompost auf der Baumscheibe oder unter den Beerensträuchern verteilt, ist das bereits eine gute Grunddüngung. Alle anderen Dünger sollten entsprechend reduziert werden, vor allem die Volldünger. Denn Kompost enthält einen hohen Anteil an Phosphor und Kalium. Ist der Boden ausreichend mit Phosphor und Kalium versorgt, weicht man der Umwelt zuliebe besser auf einen Stickstoffdünger aus.

Ein Spezialdünger sollte für Heidelbeeren, Preiselbeeren und Cranberrys besorgt werden, zum Beispiel einen sauer wirkenden Rhododendrondünger, der den niedrigen pH-Wert des Bodens nicht verändert.

SELBSTGEMACHTER FLÜSSIGDÜNGER

Flüssigdünger wirken viel schneller als feste Dünger, egal ob organisch oder mineralisch. Im Biogarten können Sie Ihren eigenen Flüssigdünger für die schnellverfügbare Nährstoffspritze selbst herstellen. Kräuterjauchen können einen akuten Nährstoffmangel bei Beerensträuchern und Erdbeeren beheben. Die Jauche wird aus 1 kg Brennnessel oder Beinwell und 10 l kaltem Wasser in einer Kunststofftonne angesetzt. Den Ansatz lässt man stehen, bis es zunächst sichtbar zu gären beginnt. Täglich umrühren. Gegen den doch recht strengen Duft können Sie Urgesteinsmehl auf die Oberfläche streuen. Nach etwa 10 bis 14 Tagen beruhigt sich die Gärung. Sobald die Flüssigkeit aufhört zu schäumen, wird sie abgeseiht und im Verhältnis 1:10 mit Wasser verdünnt und ausgebracht.

KOMPOST

Aus Gehölzschnitt, Rasenschnitt, Gartenabfällen und pflanzlichen Küchenabfällen entsteht wertvoller Düngerkompost. Bei der Zusammenstellung der Zutaten kommt es auf die Balance zwischen stickstoffreichen feuchten und kohlenstoffreichen trockenen Zutaten an. Doch braucht es etwas Geduld, denn es dauert etwa sechs bis zwölf Monate, bis der Kompost feinkrümelig und dunkelbraun ist und angenehm nach Waldboden duftet. In einer windgeschützten, schattigen Gartenecke wird der Kompost angesetzt. Nach unten sollte der Kompostplatz mit Kaninchendraht abgesichert werden. So werden Ratten und Mäuse, die von unten zuwandern könnten, ausgesperrt.

Kleinere Bodentiere können dagegen ungehindert hineingelangen und die Verrottung in Gang setzen. Den Kompost können Sie entweder in Kompostboxen oder in sogenannten Thermo- oder Schnellkompostern anlegen. Ein Komposthaufen muss nicht umgesetzt werden. Dennoch beschleunigt sich die Rotte durchs Umsetzen.

BESTER KOMPOST

Für einen funktionierenden Kompost werden kohlenstoffreiche trockene und stickstoffreiche feuchte zu gleichen Teilen gemischt.

DAS DARF DRAUF

Stickstoffreich und feucht

- Rasenschnitt (abgetrocknet)
- Gartenabfälle (ohne erkennbare Pflanzenkrankheiten)
- Unkräuter (zerkleinert, keine Samenstände)
- Küchenabfälle (Schälreste von Gemüse und Obst, Teebeutel, Kaffeesatz, Eierschalen)
- frischer Mist

Kohlenstoffreich und trocken

- Stroh
- trockenes Laub
- Papier und Pappe (kein Hochglanzpapier)
- Strauchschnitt (auf 10 bis 15 cm zerkleinert)
- Holzspäne und Holzhäcksel
- Erde und Kalk (in dünner Schicht)
- Kleintierstreu (von Pflanzenfressern)
- nur wenig Holzasche und Holzkohlenasche (kann Schwermetalle enthalten)

DAS DARF NICHT DRAUF

- Wurst, Fleisch, Knochen, Fisch
- gegarte Speise- und Brotreste
- Asche aus Kohle
- Textilien
- Plastik, Metall, Glas

TIERISCHE HELFER

- Bakterien, Pilze, Regenwürmer, Rosenkäferlarven, Springschwänze, Schnecken u. v. m.

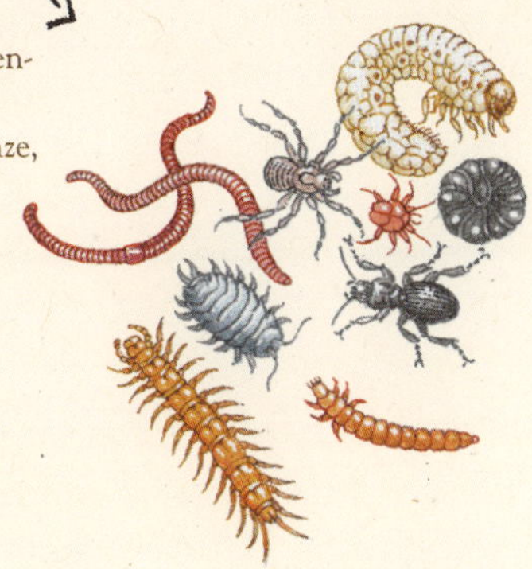

FERTIGEN KOMPOST VERTEILEN

- Den Kompost bringen Sie im März unter Spindelbüschen und Beerensträuchern aus, etwa 3 Liter pro Quadratmeter.

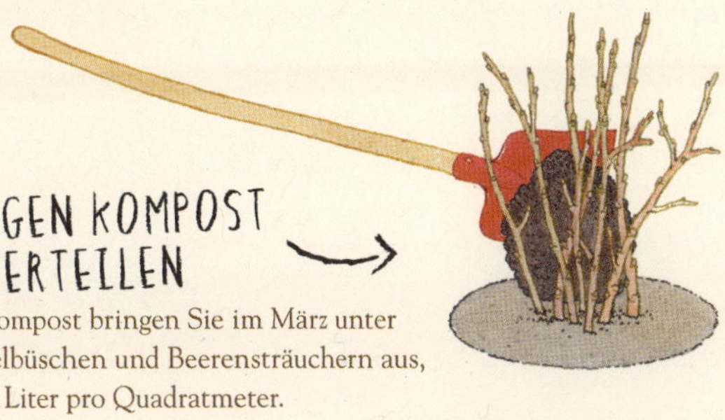

SIEDELN SIE SCHNECKEN AUS GEMÜSE- UND BLUMENBEETEN AUF DEN KOMPOST UM, WO SIE ORGANISCHE SUBSTANZ IN HUMUS VERWANDELN.

SAURER NADELKOMPOST

Kompost wirkt eher basisch, darum ist er nicht für Heidelbeeren, Cranberrys und andere sauren Boden liebende Pflanzen geeignet. Für diese Spezialisten können Sie einen Kompost aus Nadelstreu herstellen. Das kann jedoch drei bis sechs Jahre dauern. Denn Fichten- und Kiefernnadeln brauchen so lange, bis sie verrottet sind! Nadeln von laubabwerfenden Nadelbäumen wie Lärche und Urweltmammutbaum verrotten viel schneller. Mit Brennnesseljauche oder einem anderen flüssigen Stickstoffdünger kann die Rotte beschleunigt werden.

WURMHUMUS

Wurmhumus ist sehr fruchtbar und entsteht in sogenannten Wurmfarmen, in denen die mit den Regenwürmern verwandten Kompostwürmer (*Eisenia foetida*) leben. Die Wurmfarm kann im Internet bestellt werden (siehe *Service* AUF SEITE 158) und wird an einem schattigen Ort aufgestellt, doch nicht zu weit weg vom Haus, da sie intensivere Pflege braucht als ein Kompost. Fast täglich müssen die Kompostwürmer mit pflanzlichen, rohen Küchen- und Gartenabfällen „gefüttert" werden. Im Winter stellt man die Wurmfarm frostsicher im Keller oder im Schuppen auf. Wurmkompost ist viel nährstoffhaltiger als normaler Kompost. Bei Kübelobst wird ein bis zwei Handvoll Wurmkompost beim Einpflanzen zum Substrat gegeben. „Wurmtee", der in der untersten Etage der Wurmfarm durch ablaufendes Wasser entsteht, ist ein schnell wirkender Flüssigdünger.

BOKASHI

Unter Luftabschluss werden rohe und gegarte, gut zerkleinerte Küchenabfälle fermentiert. Dafür braucht man einen Bokashi-Eimer mit luftdicht schließendem Deckel und Zapfhahn. Die Fermentation wird mit der mitgelieferten Bokashi-Kleie in Gang gesetzt, die zusätzlich Melasse und Effektive Mikroorganismen enthält. Innerhalb von drei Wochen bauen die Mikroorganismen das organische Material ab. Vor der Verwendung muss der fermentierte Kompost noch ein bis zwei Monate mit Erde vermischt lagern und wird dann wie Kompost verwendet.

Gießen

Regnet es regelmäßig, auch im Sommer, und steht der Baum oder Strauch gut da, brauchen Sie nicht zusätzlich zu gießen. Doch gibt es auch Durststrecken, wo wir mit Schlauch und Gießkanne bereitstehen sollten. Im Juni haben Obstbäume ihren größten Wasserbedarf, denn dann bilden sie noch einmal viele Blätter und auch die Früchte brauchen Wasser zum Wachsen. Vor allem frisch gepflanzte Gehölze, schwachwachsende Obstbäume und Bäumchen im Kübel sind Nutznießer der zusätzlichen Bewässerung. An heißen Sommertagen sind auch die eher flachwurzelnden Beerensträucher dankbar, vor allem, wenn sie schon mit Früchten voll hängen. Im Ernstfall, also bei anhaltender Trockenheit, werfen die Gehölze die „unnützen

Gießen Sie vor allem neu gepflanzte Sträucher und Bäume in der Anfangszeit regelmäßig tiefgründig, damit sie gut anwachsen.

Esser“ ab oder die Früchte vertrocknen am Strauch. Ist der Boden eher sandig und kann kaum Wasser speichern, muss auch hier öfter zum Schlauch gegriffen werden. Wassermangel kann auch Nährstoffmangel mit sich bringen, denn die Nährstoffe werden mit dem Wasser in der Pflanze transportiert.

Auf 1 m² Baumscheibe, also die Fläche, die von der Baumkrone beschirmt wird, rechnet man mit 30 l Wasser. Das sind drei große Gießkannen. Das Wasser wird auf den Rand der Baumscheibe gegossen, denn hier befinden sich die wassersaugenden Faserwurzeln. Bei lang anhaltender Sommertrockenheit sollten Sie mindestens zweimal in der Woche durchdringend wässern.

MULCHEN SPART WASSER

Deckt man die Baumscheibe mit Mulch ab, hat das drei positive Effekte. Der Mulch wirkt wie ein Verdunstungsschutz, sodass der Boden im Sommer länger feucht bleibt. Einige Mulchmaterialien düngen zusätzlich, wie Kompost, Rasenschnitt oder verrotteter Stallmist. Und konkurrierender Unkrautwuchs wird unterdrückt. Die Mulchschicht wird etwa 2 cm hoch aufgetragen und öfter im Jahr nachgelegt. Halb- und Hochstämme werden in den ersten fünf bis sieben Jahren gemulcht, in denen die Baumscheibe noch frei von Bewuchs bleiben soll. Schwachwachsende Spindelbüsche, Spaliere und Beerensträucher bekommen diese schützende Schicht ihr Leben lang. Gießen Sie durchdringend, bevor Sie die erste Lage Mulch ausbringen. Sobald sich die Erde in der Frühjahrssonne erwärmt hat, etwa ab dem Austrieb, kann gemulcht werden. Eher wirkt der Mulch wie eine Isolierschicht und der Boden bleibt länger kalt. Diesen Trick kann man sich bei früh austreibenden Obstbäumen wie Aprikose und Pfirsich zunutze machen, indem man sie auch im Winter mulcht. Dann ist der Boden länger kalt und die Bäume treiben verzögert aus – jedoch nicht unbegrenzt. Leider verstecken sich auch Mäuse gern in der warmen Schicht und nagen in ihrem Schutz die Rinde an der Stammbasis ab.

WASSER FÜR DEN OBSTGARTEN

Klar, im Sommer geht der Gemüsegarten vor, wenn es ums Gießen geht. Doch lohnt es sich herauszufinden, ob der Grundwasserspiegel in Ihrer Region hoch liegt und ob Sie einen Brunnen bohren dürfen. Spaliere, die unter der Dachtraufe stehen, bekommen keinen natürlichen Regen ab und sind auf Ihre Hilfe angewiesen. Eine halbautomatische oder vollautomatische Bewässerung versorgt die Pflanzen mithilfe eines Computers autonom mit Wasser. Eine solche Bewässerung kann auch für Kübelobst installiert werden. Sammeln Sie in Regionen mit hartem, kalkreichem Wasser weiches Regenwasser für Ihre Heidelbeeren. Hartes Wasser würde den Boden-pH-Wert aus dem sauren in den basischen Bereich heben.

MULCH FÜR DEN OBSTGARTEN

MULCHMATERIAL	ANWENDUNG
Kompost	etwa 2 cm hoch, mit Düngewirkung
verrotteter Stallmist	etwa 2 cm hoch, mit Düngewirkung
Stroh, kurzes Stroh	3–5 cm hoch, unter Erdbeeren schützt es vor Schnecken und Fäulnis
Rindenkompost	etwa 2 cm hoch, mit Düngewirkung
Laub	Herbstlaub, wenn möglich ohne Eichen- und Walnussanteil, da dieses nur langsam verrottet
Rasenschnitt	10–20 cm hoch, mit Düngewirkung, vorher leicht antrocknen lassen, sonst schimmelt es
Brennnesselschnitt	3–5 cm, hat einen hohen Stickstoffgehalt
Beinwellschnitt	3–5 cm, hat einen hohen Stickstoff- und Kaliumgehalt

Pflanzenkrankheiten und Schädlingen vorbeugen

Obstgehölze und Erdbeeren werden von einigen Pflanzenkrankheiten heimgesucht, denen man jedoch gut vorbeugen kann. Auch Schädlingen wie dem Apfelwickler kann man ein Schnippchen schlagen.

KRANKES ENTFERNEN

Das mag sich banal anhören, ist jedoch der erste Schritt, um einer möglichen Plage vorzubeugen: Von Blattläusen besiedelte Kirschtriebe, vom Echten Mehltau aufgeplusterte Apfelknospen und von der Kräuselkrankheit deformierte Pfirsichblätter werden im Frühjahr rigoros herausgeschnitten. Pilzbefallenes Falllaub wird spätestens im Herbst zusammengerecht und entsorgt. Wurmstichiges Fallobst liest man möglichst frühzeitig auf. Aus verschiedenen Gründen: In ihm befinden sich noch Raupen und Maden, es lockt Wespen an und fauliges Obst wird bald von Pilzen heimgesucht. Zur Reifezeit werden angeschlagene oder verletzte Früchte – soweit es geht – abgepflückt; sie sind Eintrittspforten für Pilzerkrankungen wie die Monilia-Fruchtfäule. Pflücken Sie die letzten mumifizierten Früchte spätestens vor dem Neuaustrieb aus dem Baum oder vom Strauch.

Verletzte Früchte, wie diese von Vögeln angepickten Kirschen, werden bald von der Fruchtmonilia heimgesucht. Darum, so gut es geht, auspflücken.

STAMM ABBÜRSTEN

Unter losen Rindenschuppen älterer Obstbäume überwintern die Raupen von Apfel- und Pflaumenwickler, Apfelblütenstecher, Obstbaumminiermotte und Birnenknospenstecher. Mit einer Drahtbürste oder einem Schaber werden die losen Rindenschuppen samt Schädlingen vom Stamm und den dicken Ästen gekratzt. Nicht zu fest aufdrücken! Legen Sie vorher ein großes Laken oder eine alte Tischdecke unter den Baum, um die Rinde aufzufangen. Diese Prozedur führt man nach dem Laubfall durch.

FRUCHTHOLZ UNTERSUCHEN

Halten Sie im Spätwinter beim Obstbaumschnitt Ausschau nach orangeroten runden Spinnmilbeneiern am Fruchtholz, nach oval-eiförmigen glänzend schwarzen Blattlauseiern, orangegelblichen, tonnenförmigen Eiern des Frostspanners, verpuppten Räupchen des Schalenwicklers und nach ovalen und runden Schildchen von Napfschildläusen. Finden Sie viele dieser Winterstadien und war der Vorjahresbefall stark, ist eine Spritzung vor und während des Austriebs empfehlenswert.

Ein im Winter weißgestrichener Obstbaum leidet weniger unter Frostrissen.

FROSTRISSE VERMEIDEN

Frostrisse entstehen während starker Fröste, wenn es durch große Temperaturunterschiede zwischen Holz und Umgebung zu Spannungen im Holz kommt. Empfindlich sind Bäume mit glatter Rinde wie Pfirsich, Pflaume und Kirsche und junge Apfel- und Birnenbäumchen. Ältere Kernobstbäume schützen sich mit einer dicken Borke. Frostrisse bedürfen der Aufmerksamkeit, denn sie sind Eintrittspforten für pilzliche und bakterielle Krankheiten sowie Schädlinge. Wunden bestreicht man, soweit es möglich ist, mit einem Wundverschlussmittel. Lose Rindenpartien werden nicht abgeschnitten, sondern können mit einem Heftklammerer mit kleinen Klammern an den Stamm geheftet werden.

Ein Weißanstrich oder Kalkanstrich schützt den Baum im Winter vor Frostrissen. Er wird nach dem Laubfall aufgetragen und vor dem Austrieb im Frühling erneuert.

VOR DEM AUSTRIEB BEHANDELN

Bevor die Knospen aufbrechen, können Sie eine Austriebsspritzung mit einem ölhaltigen Pflanzenschutzmittel vornehmen. Sie ist notwendig, wenn es im vergangenen Jahr einen starken Befall mit Spinnmilben, Blattläusen und Schildläusen gegeben hat. Der Ölfilm legt sich über die überwinternden Eier und erwachsenen Stadien und erstickt die Insekten. So kann die erste Schädlingswelle aufgehalten werden. Vorsicht: Auch Nützlinge überwintern am Baum bzw. sind bereits bei den ersten warmen Frühlingssonnenstrahlen unterwegs auf der Suche nach Beute. Für sie ist der Ölfilm ebenfalls tödlich. Darum sollten Sie vor einer Behandlung immer den Vorjahresbefall bedenken und das Fruchtholz untersuchen.

WILDSCHÄDEN VORBEUGEN

Vor allem Hasen und Kaninchen trauen sich bei Hunger in den Garten und nagen an den Stämmen. Maschendrahtgeflecht, das um den Stamm gewickelt wird, hält sie davon ab. Lassen Sie Schnittgut vom Winterschnitt liegen, das lenkt die hungrigen Tiere erst einmal dorthin. Rehe fressen im Frühjahr auch mal Knospen und junge Triebe. Wildvergrämungsmittel halten sie fern.

VÖGEL FERNHALTEN

Amseln und Stare gelten als nimmersatte Kirschendiebe, auch Beerenobst und Weintrauben fallen ihnen zum Opfer. Die Früchte werden meist nur angepickt. In den Wunden siedeln sich Fäulniserreger an, die die Ernte verderben. Um dem vorzubeugen, hüllt man Bäume und Sträucher in ein Vogelschutznetz, das gut am Boden befestigt wird. Es darf keine Lücken haben, damit sich Vögel im eingenetzten Baum nicht verfangen. In manchen Jahren picken Spatzen und Grünfinken im zeitigen Frühjahr an den dicken Knospen von Johannisbeeren, Kirschen und Pfirsichen. Auch hier hilft ein Vogelschutznetz.

FLECHTEN UND ROTALGEN

Gelbflechte und Schüsselflechte sieht man häufig gemeinsam auf älteren Ästen sitzen. Flechten sind eine Lebensgemeinschaft aus Pilzen und Grünalgen.

Graue und gelbe Flechtenkleckse oder rötlicher Algenüberzug an Stamm und dicken Ästen sehen bedrohlicher aus, als sie sind. Flechten wachsen sehr langsam und vor allem auf überalterten Ästen. Dem Baum tun sie nichts, denn sie liegen nur auf. Einzig schwache Bäume können leiden, wenn sich Schädlinge unter dem Flechtenteppich einen Überwinterungsplatz suchen. Schrubben Sie dann den Überzug beherzt mit einer Drahtbürste ab. Noch harmloser sind die Grünalgen wie die Braune Fadenalge, die braunen Farbstoff in ihren Zellen eingelagert hat.

Krankheiten und Schädlinge

Die folgenden Krankheiten und Schädlinge finden sich auf verschiedenen Obstarten ein. Die auf Apfel, Birne und Co. spezialisierten Plagen werden bei den Porträts genauer betrachtet.

PILZE AM STAMM

Verletzungen jeglicher Art an Stamm und Wurzel, darunter Frostrisse und Schnittwunden, bieten verschiedensten Baumpilzen Einlass. Sie befallen bevorzugt geschwächte Bäume. Anfangs ist von dem Befall nichts zu sehen, denn das Pilzmyzel breitet sich zunächst im Holz aus. Erst später erscheinen die typischen schwamm-, muschel- oder hütchenförmigen Fruchtkörper. Vorbeugend größere Wunden mit *Wundverschlussmittel* behandeln AUF SEITE 70, Stämme zum Schutz vor *Frostrissen* weiß anstreichen AUF SEITE 63 und Bäume optimal mit Wasser und Nährstoffen versorgen. Entfernen Sie die Fruchtkörper, um eine Verbreitung der Sporen zu verhindern. Doch ein Baumpilz ist noch kein Todesurteil: Bäume können recht lange mit ihm leben, wenn sie bei guter Gesundheit sind.

Baumpilze wie der Schwefelporling sind nicht immer ein Grund zur Sorge. Alte Bäume, die bei guter Gesundheit sind, bleiben noch lange erhalten.

In die verletzten Bäume können in der Folge auch holzzersetzende Baumpilze eindringen und sich ausbreiten. Befallene Äste und auch Bäume entfernen und aus dem Garten bringen. Vorbeugend tote Äste aus alten Bäumen entfernen, die Bäume optimal mit Wasser und Nährstoffen versorgen und Schwächefaktoren wie Baumpilze und Frostrisse vermeiden.

GROSSER OBSTBAUMSPLINTKÄFER

Im Frühling und Sommer welken plötzlich einzelne Äste und sterben ab, die Rinde lässt sich leicht vom Stamm lösen. An den Ästen sind runde Löcher. Schuld daran könnte der Große Obstbaumsplintkäfer oder ein anderer Borkenkäfer oder Holzbohrer sein, die bevorzugt geschwächte und erkrankte Äste und Bäume besiedeln. Betroffen sind vor allem Apfel, Quitte und Pflaume, aber auch Birne, Kirsche und Ziergehölze. Unmittelbar unter der Rinde befindet sich ein Muttergang, von dem links und rechts Larvengänge abgehen.

WÜHLMAUS

Die Wühlmaus kann vor allem jungen Obstbäumen schaden. Sie nagt an den Wurzeln und an der Stammbasis. Die Bäume welken im Frühjahr oder lassen sich leicht aus der Erde ziehen. Auch andere Gartenpflanzen stehen auf dem Speisezettel der hungrigen Maus: Wurzelgemüse, Blumenzwiebeln und Wurzeln. Vorbeugend können junge Bäume in unverzinkte Drahtkörbe (Durchmesser 60 bis 80 cm) gepflanzt werden, die verrotten und die Wurzeln erwachsener Bäume nicht abschnüren. Fallen und Giftköder werden in die benutzen Wühlmausgänge gelegt. Wühlmausgänge erkennt man an dem hochovalen Eingangsloch und seitlich angelegten, unordentlichen Erdauswürfen, in denen sich auch Pflanzenreste befinden können. Wichtig: Bevor Sie Fallen einsetzen, sollten Sie mit einer Verwühlprobe prüfen, ob es nicht doch ein Maulwurfsgang ist. Denn Maulwürfe stehen unter Naturschutz und dürfen weder gejagt noch verletzt oder getötet werden. Bei der Verwühlprobe legen Sie das Gangsystem an mehreren Stellen frei und markieren diese mit Bambusstäben. Wühlmäuse verwühlen diese offenen Stellen innerhalb weniger Stunden wieder, Maulwürfe lassen sich dagegen ein paar Tage Zeit.

KLEINER FROSTSPANNER

Schon während des Austriebs erscheinen die kleinen grünen Raupen auf den Obstbäumen, vor allem an Kirschen und fressen an Knospen und Blättern bis zum Kahlfraß. Später höhlen sie junge Früchte löffelförmig aus. Die Falter schlüpfen im Oktober und müssen dann auch bekämpft werden. Leimringe um den Stamm fangen die Weibchen ab, bei starkem Besatz mit Eiern lohnt eine *Austriebsspritzung* AUF SEITE 63. Junge Räupchen mit Bacillus thuringiensis bekämpfen.

BLATTLÄUSE

Es gibt sie in Grün, in Schwarz und mit weißer Wachspuderschicht – Blattläuse sind im Garten allgegenwärtig, teils auf bestimmte Obstarten spezialisiert wie die Pfirsichblattlaus, Schwarze Kirschenblattlaus oder Mehlige Pflaumen- und Apfellaus. Blattläuse vermehren sich im Sommer rasend schnell und können große Kolonien bilden, die sich um Blätter und Triebe scharen. Blätter kräuseln sich, werden klebrig und von schwarzen Rußtaupilzen besiedelt. An kleinen und jungen Obstbäumen können die Blattläuse mit den Fingern abgestreift oder mit einem scharfen Wasserstrahl abgespült werden. Stark geschädigte Triebspitzen entfernt man. Oft unterwandern nützliche Insekten wie Marienkäfer, Florfliege, Schwebfliege und Blattlauswespe die Blattlauskolonien. Ein naturnaher Garten fördert das. Untersuchen Sie die Äste im Winter vorbeugend auf schwarze Blattlauseier und führen Sie gegebenenfalls eine *Austriebsspritzung* durch, wie AUF SEITE 63 beschrieben. Bio-Insektizide auf Kaliseifen-und Rapsölbasis können Sie einsetzen, wenn die Blattläuse überhand nehmen.

OBSTBAUMSPINNMILBE

Ab dem Austrieb schlüpfen die rötlichen Milben und saugen an der Blattunterseite von Apfel und Pflaume. Die zeigen zunächst nur Sprenkel, später sind sie gelb, silbrig oder bronzefarben gefärbt. Es gibt keine Gespinste.
Untersuchen Sie die Äste im Winter vorbeugend auf rote, zwiebelförmige Milbeneier. Finden Sie mehrere Ablageplätze mit je 100 Eiern ist eine *Austriebsspritzung* nötig AUF SEITE 63. Sind nach der Blüte mehr als 60 % der Blätter befallen, sollte eine weitere Behandlung mit einem Akarizid durchgeführt werden. Im Sommer halten Raubwanzen und Raubmilben die Obstbaumspinnmilben in Schach.

KIRSCHESSIGFLIEGE

Die Kirschessigfliege legt ihre Eier an den reifen Früchten ab, die dank der gefräßigen Larven bald faulen. Da kann schon mal die gesamte Ernte vernichtet werden. Kaum eine Obstart wird verschont: Steinobst, Beerenobst und Wildobst wie Hagebutten, Holunder und Kornelkirschen. Vorbeugend reifes Obst sofort ernten, am besten alle zwei Tage. Entfernen Sie bei der Ernte gleich die kranken Früchte und sammeln Sie das Fallobst auf. Mit selbst gemachten Lockstofffallen können Sie den Befall prüfen und die Fliegen abfangen: zwei Teile Holunderwein, drei Teile Wasser und ein Spritzer Spülmittel mischen und in Flaschen füllen. Pro 10 m^2 Fläche sind mindestens zwei Fallen notwendig. Alle drei Wochen wird der Lockstoff erneuert.

FRUCHTMONILIA

Kleinste Verletzungen an Früchten sind Eintrittspforten für den Pilz Monilinia fructigena. Sie entstehen durch Reibung, Hagel, Vogel- oder Wespenfraß. Rund um die Wunde faulen die Früchte, es entwickeln sich konzentrische weißlich graue Sporenpolster. Betroffen sind alle Kern- und Steinobstarten. Bei feuchter Witterung schreitet die Fäulnis rasch voran. Vorbeugend faulige Früchte im Sommer und Herbst und vertrocknete Fruchtmumien im Winter pflücken, aufsammeln und entsorgen. Sie sind Ausgangspunkte für Neuinfektionen. Ausgelichtete Baumkronen trocknen nach einem Regenschauer schneller ab und verhindern die Ausbreitung der Krankheit. An Kirschen und Pflaumen ist der Wirkstoff Fenhexamid zur Bekämpfung zugelassen. Bringen Sie es ab dem Farbumschlag der Früchte aus, wenn Sie Befall befürchten.

Von der Fruchtmonilia befallene Früchte im Sommer, spätestens im Winter so gut es geht auspflücken oder auflesen. Von ihnen gehen neue Infektionen im kommenden Jahr aus.

Kleine Helfer: Nützlinge

In einem naturnah gestalteten Garten mit Wildblumen und freiwachsenden Hecken siedeln sich nützliche Tiere meist von selbst an. Wenn man ihnen noch den einen oder anderen Unterschlupf anbietet, braucht man sich um Blattläuse, Raupen und Käfer, die unseren Obstgehölzen zu Leibe rücken, meist keine Sorgen zu machen. Wie Sie *Unterschlüpfe* anlegen, lesen Sie AB SEITE 82.

Einige Nützlinge haben spezielle Ansprüche an Temperatur und Luftfeuchtigkeit in ihrer Umgebung, wie die Raubmilben im Einsatz gegen Spinnmilben. Sie werden am besten im geschützten Bereich eines Balkons oder einer Terrasse eingesetzt. Siebenpunkt-Marienkäfer, Florfliegen und Blattlaus-Schlupfwespen machen Schwankungen bei Temperatur und Luftfeuchte nicht so viel aus. Wenn sie jedoch keine Beute mehr finden oder an der falschen Stelle ausgesetzt werden, machen sie sich schnell aus dem Staub. Trichogramma-Schlupfwespen helfen, madige Äpfel und Pflaumen zu verhindern, denn sie parasitieren Apfel- und Pflaumenwicklerraupen. Bestellen Sie die nützlichen Insekten schon bei den ersten Anzeichen eines Befalls bei Nützlingsversendern. Einen Befall kann man beim Apfelwickler zum Beispiel mit Pheromonfallen feststellen. Lassen Sie die Nützlinge so schnell wie möglich auf den Pflanzen frei, sobald die wertvolle Fracht zugestellt wurde.

Die zarten Florfliegen ernähren sich von Pollen und Nektar, manchmal auch von Blattläusen. Sie ihre weißen Eier auf Stielchen ab. Ihre sehr aktiven Larven leben räuberisch von Blattläusen und anderen Insekten. Eine Larve kann bis zu 500 Blattläuse vertilgen. Die Beute wird mit den zangenartigen Mundwerkzeugen festgehalten und ausgesaugt.

Fallen stellen

Manch Schädling können wir leicht austricksen, indem wir uns seine Schwächen zu Nutze machen – und so unsere Obstbäume vor Schaden bewahren.

Pheromonfallen gegen Apfel- und Pflaumenwickler werden nicht im Apfel- oder Pflaumenbaum selbst, sondern in anderen Bäumen oder Holzpfählen in der Nähe aufgehängt. So werden die Falter weggelockt.

PHEROMONFALLEN

Mit Pheromonfallen können Sie beobachten, wann Apfel-, Pflaumen- und Traubenwickler im Frühling und Sommer unterwegs sind und ihre Eier ablegen. Die Fallen enthalten klebrige Flächen und einen sexuellen Lockstoff, das Pheromon, das die männlichen Schmetterlinge während ihres Paarungsfluges abfängt. Mit etwas Glück, bevor sie die Weibchen begattet haben. Auf dem Höhepunkt des Fluges, dafür werden die Fallen öfter kontrolliert, können besondere Krankheitserreger (Granuloseviren und Bacillus thuringiensis) oder Parasiten ausgebracht werden. Diese befallen die frisch geschlüpften Räupchen, noch bevor sie sich in die Früchte einbohren, und töten sie. Das braucht aber äußerst genaues Timing!

LEIMGÜRTEL

Bringen Sie die ungefähr 8 cm breiten klebrigen Streifen an den Stämmen der gefährdeten Obstbäume unterhalb der ersten Astgabelung an. Gegen den Frostspanner ab Ende September/Anfang Oktober, gegen Blutläuse im zeitigen Frühjahr. Raupenleim wird direkt auf den Stamm gestrichen. Die Insekten bleiben bei ihrer Wanderung den Stamm hinauf auf dem Leim kleben. Achten Sie im Herbst darauf, dass kein Falllaub auf den Leimbarrieren zur leicht zu überwindbaren Brücke für die Frostspanner wird. Nach etwa 3 bis 4 Wochen lässt die Klebkraft nach. Die können Sie mit Raupenleim auffrischen oder einen neuen Leimgürtel anlegen. Aber: An dem Leim bleiben auch unbeteiligte Insekten, Kleintiere und kleine Vögel hängen. Kontrollieren Sie daher regelmäßig die Klebfallen auf Fremdfänge.

KIRSCHFRUCHTFLIEGENFALLE

Die Kirschfruchtfliegenfallen sind mit einem insektizidfreien Leim bestrichen. Ihre Wirkung geht von der Farbe Gelb aus, an der sich die Kirschfruchtfliegen während der Eiablage orientieren.
Hängen Sie die Fallen gleichmäßig im Baum auf, bevorzugt in südlicher und westlicher Richtung. Pro Meter Baumhöhe rechnet man mit ein bis zwei Fallen. Da der Befall im oberen Kronenbereich deutlich höher ausfällt, werden hier mehr Fallen aufgehängt als im unteren Kronenbereich. Gebogene bzw. gewölbte Fallen haben eine höhere Fangquote als flache Tafeln. Die Kirschfruchtfliegen werden von dem intensiven Gelb der Fallen angelockt und bleiben am Leim kleben. So kann ein Teil der begatteten Weibchen aus dem Verkehr gezogen werden. Die Kirschfruchtfliegenfalle kann nie ganz verhindern, dass es madige Kirschen gibt, trägt aber ihren Teil dazu bei. Da auch andere Insekten die Farbe Gelb sehr verlockend finden, werden die Gelbfallen am besten abgenommen, wenn sich die Kirschen rot färben.

Pflanzenschutzmittel

Pflanzenschutzmittel sind in den letzten Jahren sicherer in der Anwendung geworden und bei richtiger Ausbringung nur gering gefährlich für die Umwelt. Für Haus- und Kleingärten hat sich das Angebot in den letzten Jahren verringert, immer mehr biologische Mittel sind auf den Markt gekommen. Pflanzenschutzmittel sollten immer der letzte Ausweg sein. Kümmern Sie sich daher von Anfang an, dass Ihre Obstpflanzen einen optimalen Start in Ihrem Garten haben. Das gelingt mit der richtigen Standortwahl, guter Pflege und vorbeugenden Maßnahmen.

BIOLOGISCHER PFLANZENSCHUTZ

Bio-Pflanzenschutzmittel sind auch im Ökologischen Anbau zugelassen. Bio-Insektizide auf Rapsöl-, Kaliseife- und pflanzlicher Basis werden auf die zu behandelnde Pflanze gesprüht. Sie töten jedoch nicht nur die Schädlinge, sondern auch nützliche Insekten, wenn die gerade zur falschen Zeit am falschen Platz waren. Schauen Sie vor einer Behandlung genau hin, ob sich nicht schon Nützlinge eingefunden haben. Schwefel und Kupfer wirken vorbeugend und sollten bei bekannter Empfindlichkeit der Obstgehölze gegen Echten und Falschen Mehltau bereits bei den ersten Krankheitssymptomen eingesetzt werden. Lassen Sie sich vor dem Kauf im Gartenfachhandel beraten, das ist Pflicht in Deutschland.
Folgen Sie unbedingt der Gebrauchsanleitung und halten Sie sich auch an die empfohlene Wartezeit. Das ist die Dauer, in der das Pflanzenschutzmittel abgebaut wird. Erst danach können Sie die Lebensmittel unbedenklich ernten. Halten Sie die Pflanzenschutzmittel und die chemisch behandelten Pflanzen außerhalb der Reichweite von Haustieren und Kindern.

WESPEN

Die meiste Zeit des Jahres sind Wespen friedlich auf der Suche nach Insekten und deren Larven, mit denen sie ihren Nachwuchs füttern. Doch im Sommer empfinden wir die gelb-schwarz geringelten Flieger als lästig, denn sie nagen an reifen, süßen Weintrauben, Himbeeren, Pflaumen, Äpfeln und Birnen. Über diese Verletzungen können Fäulniserreger in die Früchte eindringen. Hüllen Sie Weintrauben in ein feines Gazenetz ein und achten Sie beim Ernten und Aufsammeln von Fallobst auf die stichigen Insekten. Bei einer Wespenplage können sogenannte Wespenfallen mit Fruchtsaft oder Bier gefüllt und in die Bäume gehängt werden. Zuckerwasser würde auch Bienen anlocken.

Obstgehölze schneiden

Ich habe gewaltigen Respekt vor Gärtnern, die ihre Obstbäume und anderen Gehölze gekonnt schneiden. Jeder Baum ist anders und Lehrbuchzeichnungen können nur ein Anhaltspunkt zum Schneiden sein. Welche Äste und Zweige bleiben und welche entfernt oder eingekürzt werden, diese Entscheidung findet im Kopf statt. Auch wie sich dieser bestimmte Baum in den kommenden Jahren entwickeln wird, lässt sich nicht exakt voraussehen. Darum ist Obstbaumschnitt immer individuell vom Baum und vom Gärtner abhängig.

Je nach Alter des Baums unterscheidet man drei verschiedene Schnittarten: Junge Bäume bekommen einen *Pflanz- und Erziehungsschnitt* AUF SEITE 50, Bäume, die bereits tragen, einen Erhaltungsschnitt und ältere Bäume einen Erhaltungs- oder sogar einen Verjüngungsschnitt. Beerensträucher werden stetig verjüngt, damit sie große und gut schmeckende Früchte tragen.

Basis jeden Schnitts ist es, den Baum zu beobachten und das Grundgerüst, die Krone, zu erziehen oder zu halten. Gehen Sie darum mehrmals um den Baum herum, versuchen Sie bei älteren Bäumen, die Sie zum Beispiel mit dem Garten erworben haben, den Mitteltrieb und die Leitäste zu identifizieren. Bei Bäumen, die Sie selbst erzogen haben, erkennen Sie die auf Anhieb.

WARUM SCHNEIDET MAN EIGENTLICH OBSTBÄUME?

Obstbäume wachsen in freier Natur. Hier entwickelt sich auch ohne menschliche Eingriffe eine Rangfolge mit verschieden starken Ästen. Die Bäume tragen auch Früchte und sind gesund. Nur leicht beernten lassen sich diese Baumriesen leider nicht und die Früchte werden von Jahr zu Jahr kleiner. Mit dem Obstbaumschnitt halten wir die Bäume in einer für uns genehmen Größe, etwa die Halb- und Hochstämme bis zu einer noch bepflückbaren Höhe von 6 m. Durch den Erhaltungsschnitt schaffen wir ein Gleichgewicht zwischen Trieb- und Fruchtwachstum, erneuern regelmäßig die Fruchtäste, um qualitativ hochwertige und große Früchte zu ernten.

Schnittmaßnahmen sind im Winter einfacher, wenn kein Laub an den Bäumen ist. Dann ist die Krone viel übersichtlicher und Sie können erkennen, welche Zweige entfernt werden müssen.

DER SCHNITTZEITPUNKT

Obstbäume können jederzeit geschnitten werden, außer bei Temperaturen unter −5 °C. Traditionell werden Kernobstbäume von Spätwinter bis Frühling oder im Spätsommer geschnitten. Der sogenannte Winterschnitt von Mitte Januar bis Anfang April ist besonders für Schnitt-Anfänger gut geeignet, denn die noch laublose Baumkrone ist jetzt besonders übersichtlich. Man kann die Struktur der Krone gut erkennen und beim Erziehungsschnitt nachjustieren. Je später man schneidet und je näher man der Austriebszeit kommt, desto besser verheilen Baumwunden, denn der Baum mobilisiert nach und nach seine Kräfte. Kurz nach dem Austrieb sollten keine starken Eingriffe vorgenommen werden, denn sonst verliert der Baum die Energie, die er bereits in die belaubten Zweige gesteckt hat. Steinobst schneidet man gleich nach der Ernte, von Mitte Juli bis Mitte September. Kirsche und Co. können jetzt die Wunden besser schließen. Auch Kernobst kann zu diesem Zeitpunkt ausgelichtet werden.

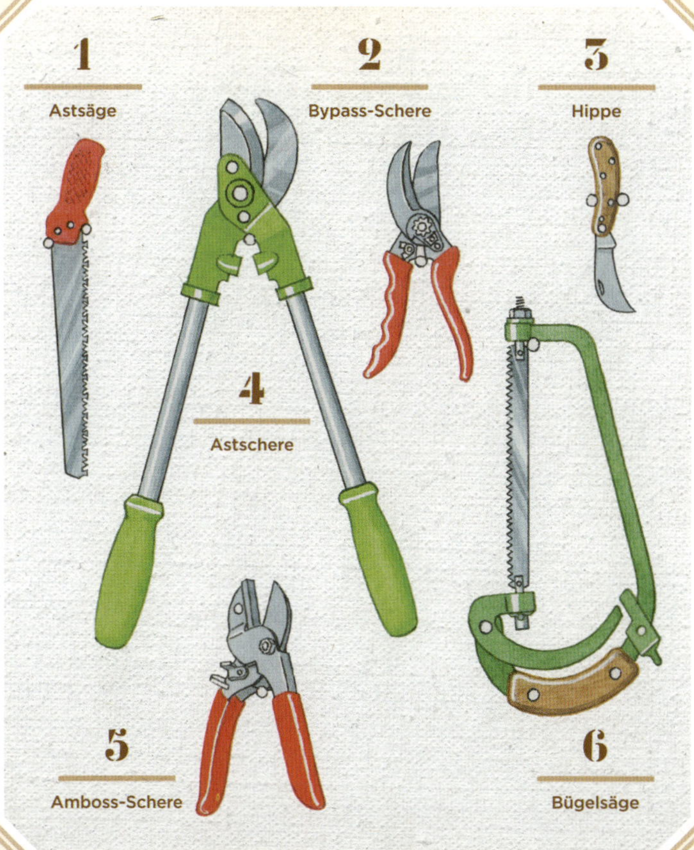

WERKZEUGE

Dünne Äste bis 15 mm werden mit den gebogenen Klingen einer Bypass-Gartenschere geschnitten. Eine Amboss-Schere mit gerader Schneidklinge schafft auch dickere Zweige mit geringem Kraftaufwand. Äste bis 40 mm nimmt man besser mit einer Astschere in Angriff. Für alles, was darüber geht, nehmen Sie am besten eine Bügel- oder Schwertsäge. Mit einer Hippe, einem Gärtnermesser mit gebogener Klinge, können Baumwunden glatt geschnitten werden. Teleskopgeräte ermöglichen Schnittmaßnahmen an hohen Obstbäumen, ohne auf eine Leiter klettern zu müssen.

Probieren Sie Scheren und Sägen bei Freunden und Bekannten aus und entscheiden Sie sich dann für ein Modell. Nicht jeder kann mit jeder Werkzeugmarke arbeiten. Sparen Sie nicht am Schnittwerkzeug, denn scharfe, präzise Schnitte sind wichtig, damit die Wunden glatt und sauber sind. Reinigen Sie die Klingen nach jeden Schnitt mit einem feuchten Tuch und schärfen Sie sie regelmäßig mit einem feinen, feuchten Schleifstein nach. Ist das Scherenblatt komplett verschlissen, kann es gegen ein neues ausgetauscht werden. Die Gelenke von Astscheren werden vor dem Winter mit Sprüh- oder Kriechöl eingesprüht, damit sie leichtgängig bleiben.

ERHALTUNGSSCHNITT: DAS GLEICHGEWICHT HALTEN

Nach vier bis zehn Jahren kommt der Obstbaum je nach Baumform in die Ertragsphase. Das erkennt man daran, dass die Krone ihre endgültige Größe erreicht hat und genügend Fruchtholz vorhanden ist, an dem die Früchte entstehen. Die Krone sollte nur noch wenig in die Höhe wachsen.

Nicht alle Bäume und Kronenbereiche müssen jedes Jahr geschnitten werden. Leitäste und Mitteltrieb werden nicht mehr eingekürzt wie beim Pflanzschnitt, können aber auf einen flacheren Zweig abgeleitet werden. Senkrecht wachsende Konkurrenztriebe und nach innen wachsende Triebe werden herausgenommen. Mehrjährige Fruchtäste, die kaum noch Blüten ansetzen, leitet man auf jüngere Seitenäste ab oder entfernt sie ganz. Stark herabhängende Äste werden bis zum Scheitelpunkt oder bis zu einer Verzweigung nahe der Astansatzstelle zurückgeschnitten. Behalten Sie bei diesen Arbeiten immer die Kronenstruktur und ihr Gleichgewicht im Blick. Im Sommer entfernt man sogenannte Reiter oder Wasserschosser, die auf den Zweigoberseiten wachsen. Ziel ist es, die Ertragsphase zu erhalten, indem regelmäßig neues, vitales *Fruchtholz* gebildet wird. Wie das gemacht wird, steht bei den einzelnen Obstarten im Porträtteil AB SEITE 90.

SO BLEIBEN ALTE BÄUME VITAL

Gehen die Bäume aus der Hauptertragsphase in die Altersphase über, erkennt man das häufig an kleineren Früchten und einem geringeren Triebzuwachs als in den vorangegangenen Jahren. Jetzt heißt es, die Vitalität des Baumes mit dem *Erhaltungsschnitt* zu wahren AUF SEITE 69. Die Krone kann auch verjüngt werden, indem man alte Äste stark eingekürzt oder ganz entfernt, um einen jüngeren Ast als Leitast zu etablieren. Wichtig ist es, größere *Wunden* zu vermeiden KASTEN UNTEN. Der neue Leitast wird wie beim *Erziehungs- und Erhaltungsschnitt* beschrieben AUF SEITE 69 behandelt.

GEFRÄSSIGE GEFAHR FÜR ALTE BÄUME

Vor allem alten, geschwächten Bäumen machen die Raupen zweier Schmetterlinge das Leben schwer: Blausieb und Weidenbohrer. Die Weidenbohrer-Raupen leben bis zu vier Jahre in Stämmen und dicken Ästen. Der Blausieb-Nachwuchs bevorzugt Äste mit einem Durchmesser von unter 10 cm. Besiedelte Bäume erkennt man an Bohrlöchern, im Sommer zeitweiliger Welke und Astbruch. Weidenbohrerbefall kann einen Baum auch töten. Um eine Ausbreitung auf andere Obstbäume oder Laubbäume zu vermeiden, werden kranke Äste herausgeschnitten und bei sehr starkem Befall wird der betroffene Baum ganz entfernt.

DICKE ÄSTE ENTFERNEN

Dicke Äste werden stückweise entfernt, damit sie nicht abbrechen und hässliche, schlecht heilende Wunden hinterlassen.

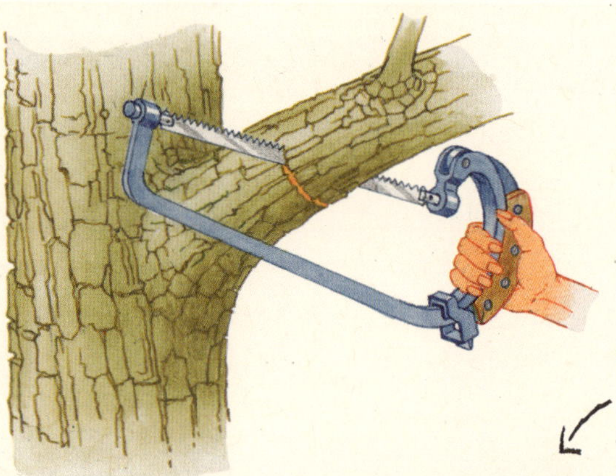

1

Nah am Stamm wird zunächst von unten her bis zur Hälfte des Durchmessers gesägt.

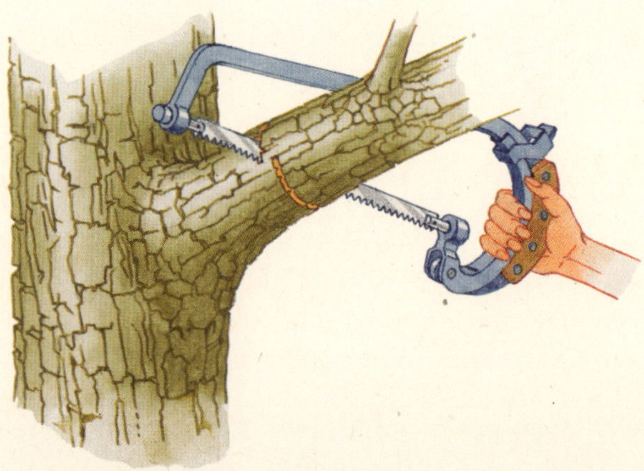

2

Nun wird von oben 10 cm zur Astspitze versetzt der Ast durchgesägt.

3

Als letztes wird der Stummel direkt am Stamm entfernt. So kann sich rasch Wundgewebe (Kallus) bilden.

ENTFERNEN SIE DICKE ÄSTE MIT BEDACHT, DENN AUCH BEI SORGFÄLTIGEM SCHNITT ENTSTEHT EINE GROSSE WUNDE.

LEITERN RICHTIG ANLEGEN

Große Bäume können meist nur noch mithilfe einer Leiter geschnitten werden. Anlegeleitern aus Leichtmetall können gut transportiert und allein aufgestellt werden. Sie sind teilweise auch verlängerbar. Anlegeleitern werden in einem 60 °-Winkel zum Boden am Stamm angestellt. Zu steil angelegte Leitern neigen zum Umkippen, wenn der Schwerpunkt des Gärtners und der Leiter hinter den unteren Holmspitzen liegt. Zu flach angelegte Leitern rutschen ab, biegen sich durch oder wippen stark. Einholmleitern lassen sich gut in die Krone schieben. Damit es nicht zu Unfällen kommt, prüfen Sie vor dem Aufstieg vor allem bei alten Holzleitern, ob noch alle Sprossen intakt sind. Stellen Sie Bockleitern auf einen ebenen Untergrund. Auf einer unebenen Wiese können Bretter unter die Leiter gelegt werden.

Stellen Sie beim Arbeiten die Leiter öfter um, anstatt sich zu den Ästen zu hangeln. Die Leiter beginnt schnell zu kippeln und kann im Ernstfall auch umfallen. Kommen Sie trotz Leiter nicht an alle Äste heran, können Sie Ihre Geräte mithilfe von Teleskopstangen verlängern.

BAUMWUNDEN BEHANDELN

Bäume reagieren anders als wir Menschen auf Wunden: Sie erneuern das verloren gegangene Gewebe nicht, sondern schotten die Wundfläche zum gesunden Gewebe ab. Dabei wird das Gewebe bis zur Abschottungsstelle abgebaut und Nährstoffe zur weiteren Verwendung umgelagert. Die Wundstelle verrottet, das ist ein normaler Prozess. Es ist wichtig, den Baum bei der Abschottung und damit bei der Selbstheilung zu unterstützen, denn so können keine Schaderreger über die Wunde in den Baum eindringen. Dafür werden die Wundränder mit einem scharfen Messer glatt geschnitten, zum Beispiel bei Astabbrüchen oder Rissen. Werden dickere Äste beim Erhaltungs- und Verjüngungsschnitt entfernt, entstehen große Wunden. Diese sollten sofort behandelt werden: Auch hier wird der Rand glatt geschnitten. Anschließend wird der Rand, niemals die gesamte Fläche mit einem Wundverschlussmittel bestrichen. Sie helfen dabei, dass das Teilungsgewebe (Kambium) unterhalb der Rinde vor dem Austrocknen geschützt wird und die Wundränder überwallen kann. Kleinere Wunden brauchen nicht bestrichen zu werden, die überwallt ein gesunder Baum recht schnell.

Veredeln – so wird's gemacht

Mit etwas Fingerspitzengefühl können Sie Obstbäume auch selbst veredeln, wenn Sie zum Beispiel junge Bäumchen mit Ihren Lieblingssorten vermehren oder einen bereits etablierten Baum umveredeln möchten. Bei letzterem ist wichtig, dass nur schwach- oder nur starkwüchsige Sorten auf einen Baum gebracht werden. Sonst entsteht ein Ungleichgewicht in der Krone. Bei der Veredlung werden Edelreiser auf Unterlagen mit verschiedenen Eigenschaften veredelt. Die Unterlagen sind entweder von derselben Art oder einer nahe verwandten Art. So wird gewährleistet, dass der Zusammenschluss zweier Pflanzen erfolgreich ist. Denn auch Profis gelingen nicht alle Veredlungen auf Anhieb. Sie können zwei etwa bleistiftdicke Triebe aufeinanderpfropfen. Das nennt man auch Kopulation. Wird nur eine Knospe, ein Auge, veredelt, heißt der Vorgang Okulation. Veredeln Sie immer mehrere Bäumchen, auch wenn Sie später nicht alle pflanzen wollen. Ältere und somit dickere Äste können mittels *Pfropfen* hinter die Rinde umveredelt werden AUF SEITE 53. Einige Gartenbauvereine bieten regelmäßig Veredlungsseminare an, bei denen Sie entweder gleich Ihre Bäumchen veredeln oder einfach nur die Technik lernen können.

WO GIBT ES UNTERLAGEN UND REISER?

Edelreiser liefert jede Obstbaumsorte, die bei Ihnen im Garten oder auch bei Verwandten und Freunden wächst. Suchen Sie eine bestimmte Sorte, werden Sie in Reisermuttergärten oder in Obstbaumschulen fündig. In letzteren können Sie auch geeignete Unterlagen kaufen oder den Service der Auftragsveredlung nutzen. Sämlingsunterlagen können Sie auch selbst aus Samen ziehen, wenn Sie einen starkwachsenden, hohen Baum erzielen möchten.

EDELREISER SCHNEIDEN UND LAGERN

Wann die Edelreiser geschnitten werden, hängt von der Veredlungsmethode ab. Die Edelreiser fürs Pfropfen werden im Januar von einjährigen Trieben geschnitten, deren Knospen nicht zu weit auseinanderstehen. Sie sollten etwa bleistiftstark und noch nicht verzweigt sein.

Die Triebe sollten an der gut belichteten Sonnenseite des Baumes gewachsen sein. Sie können während der Winterruhe oder im Frühling veredelt werden. Bis dahin werden sie gebündelt, beschriftet und kühl und erdfeucht im Keller oder in feuchtem Sand gelagert. Für die Okulation und das Pfropfen hinter die Rinde können Sie die Edelreiser im Sommer von Mitte Juli bis Mitte September kurz vor dem Veredlungstermin schneiden und gleich veredeln.

DAS BRAUCHEN SIE ZUM VEREDELN

Edelreiser (mehrere zur Auswahl, damit passende Stärke und Fehlversuche abgedeckt sind)

Unterlagen

Bypass-Schere

Hippe oder Okuliermesser

Okulationspflaster

Gummiveredlungsband oder Bast

Baumwachs

PFROPFEN

Das Pfropfen gelingt auch Ungeübten, ist jedoch etwas aufwändiger, da Edelreiser bis zur Veredlung und das veredelte Gehölz nach der Veredlung kühl und feucht eingeschlagen oder eingetopft werden müssen. Denn gepfropft wird meist im Winter. Die wurzelnackte Unterlage wird etwa 10 cm über dem Wurzelhals veredelt. Edelreis und Unterlage sind etwa gleich dick. Führen Sie an der Unterlage gegenüber einer Knospe einen etwa 3 cm langen, sauberen, schrägen Schnitt. Das Edelreis wird gegengleich geschnitten, ebenso gegenüber einer Knospe, und auf etwa drei Knospen eingekürzt. Legen Sie die Schnittflächen von Unterlage und Edelreis aufeinander. Der Veredlungsbereich wird mit Verbandmaterial von oben nach unten leicht stramm umwickelt und mit Baumwachs verstrichen. Das schützt die Veredlung vor Verdunstung und dem Eindringen von Schaderregern. Bestreichen Sie auch die obere Schnittstelle des Edelreises mit Wachs. Im Frühjahr wird das veredelte Gehölz an die vorgesehene Stelle gepflanzt. Wenn das Edelreis austreibt, war die Veredlung erfolgreich. Üben Sie den schrägen Schnitt an Schnittholz, damit er auf Anhieb und in einem Zug gelingt, bevor Sie ans wertvolle Veredlungsmaterial gehen. Das Edelreis können Sie noch gut nachschneiden; für die Unterlage brauchen Sie jedoch einen Ersatz, falls die Veredlung nicht geklappt hat.

OKULIEREN

Diese Methode ist für Einsteiger und Experimentierfreudige geeignet. Im Sommer wird die Knospe eines Edelreises, die vom Blatt befreit wurde, in einen zuvor geöffneten Rindenschlitz an einer meist schon gepflanzten, ein- oder zweijährigen Unterlage eingesetzt. Das hört sich zwar etwas fummelig an, die Anwachschancen sind jedoch gut.

Zunächst wird die Unterlage mit einem Tuch saubergewischt. Führen Sie mit dem Okuliermesser einen waagerechten Schnitt in den grünen Teil der Rinde bis zum Holz. Mittig in diesen Schnitt wird senkrecht ein 2 cm langer Schnitt geführt (T-Schnitt). Mit dem Rindenlöser

Beim Pfropfen legt man die gegengleich geschnittenen Triebe von Unterlage und Edelreis aufeinander und verbindet beide mit Veredlungsband, bis sie verwachsen sind.

des Okuliermessers klappen Sie die beiden entstandenen Flügel vorsichtig auf. Das Edelreis wird entblättert und eine Knospe von unten nach oben herausgeschnitten. Das ausgeschälte Stück sollte auf der Rückseite keinen Holzanteil mehr haben, sondern nur noch die dünne Rindenschicht. Halten Sie die Knospe an einem kurzen Stück Blattstiel fest und schieben Sie sie von oben in die Rindentasche. Mit einem waagerechten Schnitt wird das ausgeschälte Stück bündig abgeschnitten.

Verbunden wird alles mit einem Okulationspflaster oder einem Gummiveredlungsband (hier bleibt die Knospe frei). Erfolgreich angewachsene Knospen sehen nach etwa zwei Wochen prall aus, der kurze Blattstiel ist abgefallen. Ist das Auge vertrocknet, kann unterhalb der ursprünglichen Veredlungsstelle erneut okuliert werden, sofern sich die Rinde noch gut lösen lässt. Üben Sie das Okulieren vorher an Trieben, die beim Sommerschnitt angefallen sind, und führen Sie erst dann die Veredlung durch.

OKULIEREN

in drei Schritten

1

An der Unterlage wird mit dem Messer ein T-Schnitt geführt: Schneiden Sie die Rinde zunächst 1 cm waagerecht an bis zum Holz, anschließend 2 cm senkrecht. Klappen Sie die beiden Flügel vorsichtig auf.

2

Mit einem scharfen Messer wird aus dem entblätterten Edelreis eine Knospe von unten nach oben flach herausgeschnitten. Sie sollte auf der Rückseite keinen Holzteil mehr haben.

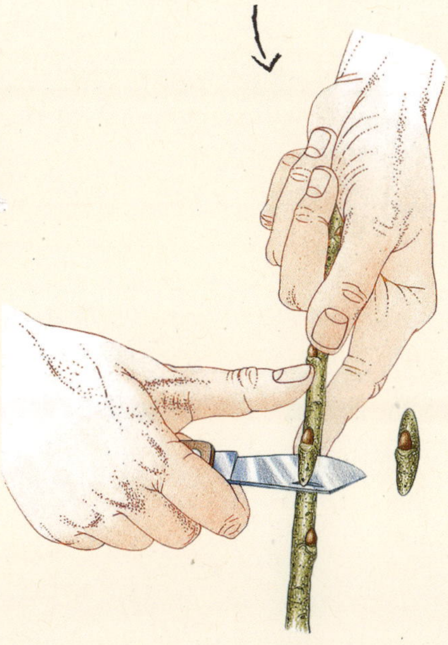

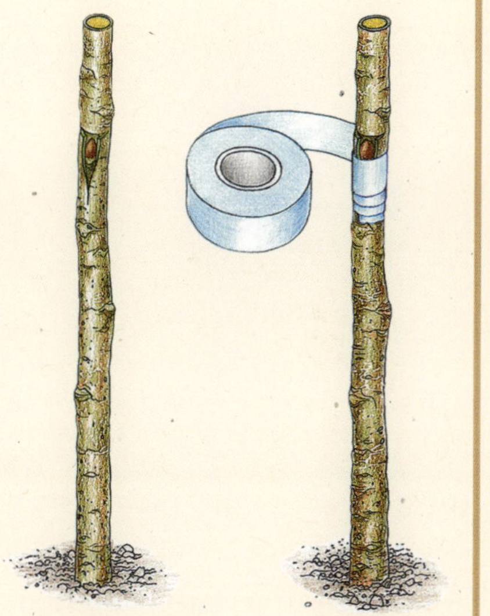

3

Stecken Sie die Edelreisknospe vorsichtig in den Schnitt an der Unterlage. Umwickeln Sie beides mit einem Veredlungsband, damit die Knospe fest sitzt und nicht austrocknet.

WER SPASS AM VEREDELN FINDET, KANN SICH EIN OKULIERMESSER MIT RINDENLÖSER ANSCHAFFEN.

ERNTEZEIT IM OBST-GARTEN

Einige eingelagerte Apfelsorten bewahren ihr Aroma bis in den April.

Sehnsüchtig erwarten wir die ersten süßen Erdbeeren im Juni. Schlaue Gärtner verkürzen die lange Winter-Wartezeit, indem sie ihre Ernte lagern, einfrieren oder Marmelade draus kochen.

Die Reifezeit auf dem Etikett ist oft nur ein Anhaltspunkt, denn sie ist abhängig von der Region, vom Klima und vom Wetter. Da heißt es beobachten und ab und an probieren. Vor ihrer Zeit geerntete Äpfel schmecken lange nicht so gut, wie die, die einem quasi in den Schoß fallen. Das Ernten selbst geschieht sehr vorsichtig, damit die kostbaren Früchte nicht verletzt werden. Besonders Äpfel und Birnen, die meist noch eingelagert werden, verzeihen Druckstellen nicht und sind im Lager fäulnisanfälliger und nicht lange lagerbar. Beerenobst und Steinobst wird meist frisch vom Baum genascht, in den Kälteschlaf geführt oder zu leckerer Marmelade, Kompott oder Saft verarbeitet. Nehmen Sie sich mal wieder Zeit und backen Sie aus dem selbst geernteten Obst – oder auch mal aus Fallobst – einen leckeren Sonntagskuchen oder setzen Sie wie die Großeltern einen Rumtopf an.

Wann ist es endlich soweit?

Ein Blick aufs Etikett verrät die prognostizierte Erntezeit. Haben sich die Früchte sortentypisch gefärbt, ist das noch kein Zeichen, dass sie auch erntereif sind. Äpfel brauchen manchmal noch etwas Zeit am Baum, um auszureifen. Lassen sich die Früchte leicht vom Baum lösen, sind sie tatsächlich erntereif. Äpfel und Birnen hebt man leicht an und dreht. Als nächstes wird der Apfel halbiert und das Kerngehäuse inspiziert: Sind die Kerne braun und liegen locker da, ist der Apfel auch pflückreif. Wenn nicht, muss er doch noch einige Zeit am Baum bleiben. Bei Äpfeln entscheidet der richtige Zeitpunkt auch darüber, wie lange sich die Äpfel im Lager halten. Denn einige Sorten brauchen noch ein paar Wochen Lagerurlaub, bis sich ihr Aroma voll entwickelt hat. Das nennt man Genussreife.

Obst einlagern

Äpfel, Birnen, Quitten und Nüsse können einige Wochen bis Monate eingelagert werden. *Stein- und Beerenobst* hält sich dagegen nur kurze Zeit im Kühlschrank, wird am besten frisch verbraucht oder konserviert AUF SEITE 76.

Äpfel werden mit dem Stiel nach oben in einer Lage in Regale oder in Stiegen gelegt. So hat man alle Früchte im Blick und sieht sofort, wenn eine fault.

ÄPFEL UND BIRNEN EINKELLERN

Damit Kernobst lange knackig bleibt, wird es in einem möglichst kühlen Raum bei 6–8 °C und rund 85 % relativer Luftfeuchte gelagert, zum Beispiel in einem Keller. Die unverletzten Früchte werden mit dem Stiel nach oben einlagig in Obstkisten gelegt und mit Zeitungspapier abgedeckt. Notieren Sie jeweils die Sorte und die Lagerzeit. Schauen Sie alle sieben bis zehn Tage im Lagerraum nach dem Rechten und sortieren Sie faulige Früchte aus.
Gibt es keinen Keller, dafür aber ein frostfreies Gartenhaus oder einen ebensolchen Schuppen, können Sie die Obstkisten dort übereinanderstapeln und mit Decken oder Noppenfolie abdecken. Bis die ersten tieferen Fröste ab Januar übers Land gehen, ist schon ein Teil verbraucht und der kleine Rest wird woanders untergebracht.

ÄPFEL IM FOLIENBEUTEL

Kleinere Mengen können Sie in Folienbeuteln aus 0,05 mm starker PE-Folie lagern. Ernten Sie die Äpfel etwa eine Woche vor dem üblichen Zeitpunkt. Jeder Beutel nimmt zwischen 2 und 5 kg Äpfel auf. Sobald die Äpfel Lagertemperatur angenommen haben, wird der Beutel verschlossen, sonst bildet sich Kondenswasser. Die Apfel-Tüten werden bei 5–10 °C gelagert. Liegt die Raumtemperatur höher, kann der verschlossene Beutel ein- bis zweimal eingestochen werden, damit ein Teil des Kohlenstoffdioxids abziehen kann. Einige Tage vor dem Verzehr nehmen Sie die Früchte aus dem Beutel und lassen sie offen nachreifen.

FRÜCHTE KONSERVIEREN

Haben Bäume und Sträucher viele Früchte getragen, reicht das Naschen und Kuchenbacken allein nicht aus, um der Mengen Herr zu werden. Mit diesen traditionellen Methoden können Sie Ihre süße Sommerernte auch noch an kalten Wintertagen genießen.

BEEREN IM TIEFKÜHLSCHLAF

Beeren und Steinobst friert man kühlschrankkalt ein. Bei -18 °C halten sich die Früchte etwa 12 Monate. Werden sie vor dem Einfrieren in feinstem Zucker geschwenkt, schützt die dünne Zuckerkruste vor Farb- und Aromaverlust. Empfindliche Früchte wie Erdbeeren und Himbeeren können Sie zunächst einzeln auf einem Brett einfrieren und dann gefroren in Gefrierbeutel oder Schachteln umfüllen. Lassen Sie die Früchte vor dem Gebrauch am besten im Kühlschrank wieder auftauen.

KOMPOTT FÜR DIE KALTEN TAGE

Kompott ist ein fast vergessener Klassiker. Man bereitet es vor allem aus Obstarten zu, die Aussehen und Konsistenz beim Garen nicht zu sehr einbüßen, wie Äpfel, Birnen, Pflaumen, Kirschen und Quitten. Pro Liter Wasser lösen Sie 150–750 g Einmachzucker auf und geben etwas Zitronensaft hinzu. Die Gläser füllen Sie bis 2 cm unter den Rand mit den vorbereiteten Früchten und dem Zuckerwasser. Bei 80–90 °C werden sie etwa 30 Minuten im Einkochtopf, im Schnellkochtopf oder im Backofen eingekocht. So hält sich das Kompott mehrere Monate.

MARMELADE FÜR DEN FRÜHSTÜCKSTISCH

Johannisbeeren, Quitten, Mispeln und Äpfel enthalten genügend Pektin, dass man auf ein Geliermittel verzichten kann. Für alle anderen Früchte nehmen Sie eine Gelierhilfe, wie Gelierzucker oder Agar-Agar. Die Marmelade wird stückiger, wenn man die vorbereiteten Früchte für mindestens zwei Stunden in dem Zucker ziehen lässt. Aus Saft können Sie Gelee kochen. Je geringer der Zuckeranteil, desto schneller sollten die süßen Aufstriche verbraucht werden. Probieren Sie im Sommer eine mit dem Mixer auf höchster Stufe *kaltgerührte Marmelade* AUF SEITE 127.

BESCHWIPSTE FRÜCHTE

Wie das Kompott ist auch der Rumtopf ein Klassiker aus Großmutters Zeiten. Von Juni bis Oktober werden lagenweise erntefrisches, reifes Obst, Zucker und 54 %iger Rum in ein großes, gut schließendes Gefäß geschichtet. Den Beginn machen Erdbeeren, den Abschluss bilden Weintrauben und Äpfel. Bis Dezember lässt man das Gefäß still ruhen. Danach können Sie den Rumtopf pur, über Eis, in einer Bowle oder die Früchte als Kuchenbelag genießen.

FRUCHTIGE LIKÖRE

Mein Favorit ist die Schwarze Johanna, ein Aufgesetzter aus Schwarzen Johannisbeeren, weißem Kandiszucker und Wodka. Für Aufgesetzte oder Liköre füllen Sie die geputzten und klein geschnittenen Früchte etwa zur Hälfte in ein großes Einmachglas, bedecken sie mit etwa zwei Fingerbreit Zucker und füllen mit 40 %igem Alkohol auf. Lassen Sie den Ansatz ein paar Wochen im Dunkeln ziehen und seihen Sie dann ab. Liköre aus Apfel, Birne und Quitte brauchen ein paar Monate Reifezeit, bis ihr Aroma voll entwickelt ist.

DER KLEINE OBSTGARTEN

Auch zwergige Obstbäume tragen grosse Früchte.

Kleiner Garten – kleine Obstgehölze: Mit zwergigen, ranken und schlanken Obstbäumchen und Spalieren ist das möglich. Und noch mehr Platz spart es, wenn die Bäumchen unterpflanzt werden.

Aus der Sicht eines pragmatischen Kleinstgarten-Besitzers wird jede freie Stelle ausgenutzt und bepflanzt. Da fällt die Wahl des Hausbaums oft auf einen Obstbaum, etwa einen Apfel- oder Kirschbaum. Denn der Nutzen ist hier doppelt: im Frühling Hunderte, wenn nicht Tausende weißer Blüten und im Sommer oder Herbst eine reiche Ernte. Auch die Wildobstarten Kornelkirsche, Felsenbirne und Holunder gereichen in kleinen Gärten zur Zierde und sind bestens geeignet für eine solche hervorgehobene Position im Garten. Und der Raum unter dem Baum bleibt ebenfalls nicht leer: Hier werden genügsame Stauden angesiedelt, eine Blumenwiese gesät oder Gemüse gepflanzt. Alles im Sinne der effizienten Raumausnutzung. Auch die Johannis- oder Stachelbeerstämmchen gehen nicht ohne aus: Unter ihnen tummeln sich Wald-Erdbeeren und die Wiesen-Erdbeere 'Florika', eine Kreuzung aus Wald- und Gartenerdbeere. Zu den Heidelbeeren gesellen sich Preiselbeeren oder Cranberrys.

Bäume unterpflanzen

In den ersten Standjahren bleibt die Baumscheibe unbepflanzt. Die Feinwurzeln streichen noch direkt an der Bodenoberfläche entlang. Andere Pflanzen, selbst Rasen, wären eine zu starke Konkurrenz für die Jungbäume, egal ob stark- oder schwachwachsend. Nach etwa fünf Jahren ist der Baum mit seinen Wurzeln bis in tiefere Bodenschichten vorgedrungen. Jetzt können Sie dem Baum Untermieter im Erdgeschoss geben.

EINE BLUMENWIESE

Obst und Blumenwiese – diese Kombination ist ein toller Klassiker, den man von den großzügig angelegten Streuobstwiesen kennt. Doch auch in kleineren Obstgärten kann der Streuobstwiesen-Effekt genutzt werden. Einjährige Blumenwiesen mit Ringelblume, Kornrade, Kornblume und Klatsch-Mohn sind gut an den nährstoffreichen Boden angepasst, auf dem der Obstbaum wächst. Sie werden im April/Mai angesät und dann sich selbst überlassen. Durch Selbstaussaat gehen sie jedes Jahr wieder auf. Nach ein paar Jahren kann es notwendig sein, die Blumenmischung aufzufrischen, wenn sich einige wenige Arten zu stark vermehrt haben.

Mehrjährige Blumenwiesen brauchen dagegen oft nährstoffarmen Boden, nicht so die Fettwiesen mit Margerite, Schafgarbe und Rot-Klee. Im ersten Jahr blüht meist kaum etwas, für diese anfangs blütenlose Zeit können einjährige Blumen mit eingesät werden. Die Dauerwiesen sollten wenigsten zweimal im Jahr gemäht werden: im Juni und im September, damit sich die Wiesen gut erhalten.

Wenn Obstbäume platzsparend als Spalier an der Wand gezogen werden, bleibt davor genügend Platz für einen kleinen Gemüsegarten im Hochbeet.

STAUDENBEET UNTERM OBSTBAUM

Unsere Obstbäume sind Herzwurzler, zwischen ihren mächtigen Wurzeln ist genügend Platz für Stauden. Doch herrschen nicht gerade optimale Bedingungen fürs Staudenwachstum: Es ist trocken, schattig und es gibt kaum Platz für die eigenen Wurzeln. Diese Stauden kommen mit den extremen Bedingungen auf der nördlichen Baumseite und in der Nähe des Stammes zurecht: Balkan-Storchschnabel (*Geranium macrorrhizum*), Brauner Storchschnabel (*G. phaeum*), Elfenblume (*Epimedium*), Golderdbeere (*Waldsteinia geoides*), Wald-Aster (*Aster divaricatus*), Kleines Immergrün (*Vinca minor*) und Efeu. Unter der Krone gedeihen Frühlingsblüher, Waldmeister (*Galium odoratum*), Frühlings-Platterbsen (*Lathyrus vernus*), Haselwurz (*Asarum europaeum*), Gefleckte Taubnesseln (*Lamium maculatum*) und Maiglöckchen (*Convallaria majalis*). Im lichteren, feuchteren Traufbereich der Krone können Bergenie (*Bergenia*), Purpurglöckchen (*Heuchera*), Nelkenwurz (*Geum coccineum*), Astilbe, Sterndolde (*Astrantia major*), Lungenkraut (*Pulmonaria officinalis*), Japan-Goldbandgras (*Hakonechloa macra*), Wald-Schmiele (*Deschampsia*), Schatten-Segge (*Carex umbrosa*) und Pfeifengras (*Molinia caerulea*) gepflanzt werden.

Die beste Zeit, um ein Staudenbeet unter einer Baumkrone anzulegen, ist im Spätsommer. Die Bäume haben dann ihr Wachstum beendet und entziehen dem Boden nicht mehr so viel Wasser. Bei einem früheren Pflanztermin ist es wichtig, während der Saison auf eine gleichmäßige

Bodenfeuchte zu achten. Ausschlaggebend für den Anwachserfolg ist die Bodenvorbereitung: Lockern Sie den Boden der Baumscheibe vorsichtig mit einer Grabegabel. Die weniger durchwurzelten Stellen füllen Sie mit Komposterde auf und bepflanzen sie. In den ersten Wochen regelmäßig wässern. Lassen Sie das Falllaub im Herbst ruhig liegen: Es ist ein guter Winterschutz.

GEMÜSE UNTERM OBSTBAUM

Die Idee kommt aus der Permakultur und wird Obstbaum-Lebensgemeinschaft genannt. In der Natur gibt es kaum unbedeckte Flächen, auch nicht unter Bäumen. Es wird gemulcht und unterpflanzt. Warum also nicht die Fläche nutzen und ein Gemüsebeet anlegen? Die Gemüsereihen können Sie konzentrisch auf der Baumscheibe angelegen, sie wachsen mit der Baumkrone mit. Beginnen Sie mit einem Ring aus Kartoffeln, den Sie unter der Kronentraufe anlegen. Das lockert den Boden. Im darauffolgenden Jahr wandert der Kartoffelring weiter nach außen. Auf den ehemaligen Kartoffelring werden Salate und einjährige Kräuter gesetzt. Innerhalb des Salatrings können Sie noch Erbsen oder Bohnen säen. Der Zusatznutzen: Als Leguminosen sammeln sie Stickstoff, der dem Obstbaum später zur Verfügung steht. Gießen Sie die Beete wie in einem Gemüsegarten, denn unter der Baumkrone kommt nur wenig Regenwasser an.

Obst in Kübeln

Johannisbeeren, Stachelbeeren und Himbeeren meistern das Leben im Topf sehr gut. Sie können durch den ohnehin regelmäßigen Schnitt kompakt gehalten werden. Einige Brombeersorten bilden meterlange stachelige Seitentriebe. Auf beengten Terrassen oder in kleinsten Gärten ist das keine rühmliche Eigenschaft. Eine gute Alternative sind die stachellosen 'Navaho'-Brombeeren, die aufrecht mit übersichtlichen Trieben wachsen. Erdbeeren sind besonders leicht in Töpfen und Kästen zu kultivieren. Hänge- und Kletter-Erdbeeren lassen ihre Früchte gern aus Blumenampeln oder Hanging Baskets auf Naschhöhe hängen.

Naschobst für die Terrasse: Die gelbfleischige Zwergnektarine Rubis wurde mit köstlichen Monatserdbeeren unterpflanzt, die die Zeit bis zur Nektarinenernte im Juli überbrücken.

EIN GUTER START

Verbringt ein Obstbaum sein gesamtes Leben im Topf, muss er sich in seinem Wurzelwachstum stark einschränken. Damit sich die Wurzeln nicht sofort eingeengt fühlen, haben die Kübel mindestens 25 l Volumen. Wenn sie nicht schon vorhanden sind, wird der Topfboden mit Abzugslöchern versehen, damit die Pflanzen bei stärkeren Regenfällen nicht unter Wasser stehen. Geeignet sind sowohl Kunststoff- als auch Ton- und Terrakottatöpfe. Schwarze Töpfe etwa die preiswerten Mörteleimer, die den ganzen Tag in der Sonne stehen, heizen sich auf und die Wurzeln könnten verkochen. Solchen Töpfen spendieren Sie besser einen helleren Übertopf. Auf den Topfboden wird eine mindestens 3 cm hohe Dränageschicht aus Kies oder Blähton gefüllt. Ersterer gibt dem Topf zusätzliche Stabilität. Letzterer wiegt weniger und ist vor allem für Balkone und Dachterrassen die bessere Wahl. Wählen Sie ein Kübelpflanzensubstrat, denn das ist strukturstabiler als die „normale" Blumenerde, die nur eine Saison lang halten soll.

PFLEGE DURCHS JAHR

Die Erde im Topf trocknet schnell aus, besonders dann, wenn der Topf schon gut durchwurzelt ist. Obstgehölze im Kübel brauchen daher regelmäßig, am besten morgens, einen Schwung Gießwasser auf ihr Substrat. Vor allem an heißen und trockenen Sommertagen sollten Sie morgens und abends zur Gießkanne greifen. Wasserspeichertöpfe, Wasserspeichermatten, die auf den Topfboden gelegt werden, und verschiedene halb- und vollautomatische Bewässerungssysteme nehmen Ihnen einen Teil der Arbeit ab.

Durch ihren beengten Wurzelraum brauchen die Bäumchen, Sträucher und Erdbeeren alle 14 Tage Nährstoffe. Von Mai bis August geben Sie einen flüssigen Volldünger mit dem Gießwasser. Wird nach August noch gedüngt, können die Triebe nicht ausreifen und erfrieren im Winter.

Die meisten Obstgehölze sind sicher frostfest. Je kleiner jedoch der Topf ist, desto eher friert der Wurzelballen durch und die Gehölze sterben ab. Umwickeln Sie die Kübel im Winter mit einer dicken Kokosfasermatte und rücken Sie die Töpfe soweit es geht an die schützende Hauswand oder stellen Sie sie in einen frostfreien, aber kühlen Raum. Vor allem Pfirsich- und Aprikosenbäumchen sind dankbar für den überdachten Winterstellplatz.

Die Veredlungsstelle, also dort, wo das Edelreis auf die Unterlage veredelt wurde, ist sehr empfindlich. Hüllen Sie Stamm, Krone und Veredlungsstelle in Jutegewebe. Ebenfalls gut geeignet zum Winterschutz sind Vlies, Schilf- und Strohmatten, die Luft und Wärme gut durchlassen. Alle zwei bis vier Jahre werden die Obstgehölze in einen etwa 5 cm größeren Kübel umgetopft.

KLEINE OBSTBÄUME

Passend gemacht für kleine Gärten, Balkon und Terrasse

OBSTART	SORTEN	EIGENSCHAFT
Apfelzwerge	'Maloni Lilly', 'Maloni Sally', 'MiniCox', 'Starking'	selbstunfruchtbar
Apfelsäulen	'Cats'-Reihe, 'Pom'-Reihe	Columnar-Typen, selbstunfruchtbar
Birnenzwerge	'Fruttoni Mibi', 'Garden Pearl', 'Little Queen'	selbstunfruchtbar
Birnensäulen	'Decora' (Columnar-Typ), 'Obelisk'	selbstunfruchtbar
Pflaumenzwerge	'Fruttoni Golddust', 'Jojo'	selbstfruchtbar
Pflaumensäulen	'Fruttini Skyscraper', 'Imperial'	selbstfruchtbar
Kirschenzwerge	'Garden Bing', 'Little Mailot'	selbstfruchtbar
Pfirsichzwerge	'Fruttoni Amber', 'Roter Zwerg'	selbstfruchtbar
Aprikosenzwerge	'Aprigold', 'Kaluna'	selbstfruchtbar

APFEL UND BIRNE SIND SELBSTUNFRUCHTBAR. HIER BRAUCHEN SIE EINE ZWEITE BESTÄUBERSORTE.

NATURNAH IM OBSTGARTEN

Nachts gehen die Igel auf Streifzug und futtern Insekten, Regenwürmer und Schnecken.

Oft sind es die kleinen Dinge, die einen Garten besonders machen. Wildbienen, die in den Obstblüten summen. Vögel, die fröhlich in der Hecke zwitschern. Und Frösche, die ihr Lied im Teich quaken.

So hört und fühlt es sich an, wenn sich Pflanzen, Tiere und Menschen gleichermaßen wohlfühlen. Wildtiere und Insekten finden sich in einem naturnah gestalteten Obstgarten fast von allein ein. Ein wenig können wir Gärtner das unterstützen und Lebensräume für sie schaffen. In kleinen bis mittelgroßen Gärten können Wildobsthecken und Wildblumenstreifen angelegt werden. Streuobstwiesen sind ein besonderer Naturraum, in dem nicht nur gefährdete Tiere und Pflanzen einen Rückzugsort finden, sondern auch alte Obstsorten erhalten werden können. Einen daran angelehnten Biotop kann man auch im kleinen Garten gestalten. Selbst mit wenig Platz und ohne gewachsene Strukturen können wir den Tisch für Insekten, Vögel und Kleinsäuger decken oder ihnen eine Nisthilfe anbieten, in der sie in Ruhe ihre Jungen großziehen können. Naturbeobachtung inklusive.

Eine Wildobsthecke

Zum Naturstudium eignet sich eine Wildobsthecke am besten. Im Frühling stärken sich Wildbienen, Hummeln und Schmetterlinge am Pollen und Nektar der Blüten. Vögel und kleine Säugetiere naschen von den vielen Früchten, die ab dem Sommer reifen. Auf den Blättern sitzen Käfer und ihre Larven, Schmetterlingsraupen und Blattläuse und finden hier Nahrung – und sind selbst wiederum eiweißreiche Kost für andere Tiere. Im dichten Geäst ziehen Singvögel ihren Nachwuchs groß und finden Igelfamilien und andere kleine Säugetiere Unterschlupf.

Wildobststräucher machen nicht viel Arbeit. Einmal gepflanzt sind sie robust und pflegeleicht. Alle paar Jahre steht ein Auslichtungsschnitt an. Eine kleine Auswahl gibt's AB SEITE 134. Die meisten Arten sind für uns nicht zum Naschen geeignet. Erst zu Saft oder Marmelade veredelt werden sie zum Genuss. Es gibt auch wohlschmeckende Ausnahmen, die direkt vom Strauch genascht werden könnten, wenn die Vögel sie nicht vorher für sich entdecken: Felsenbirnen, Kirschpflaumen und Kornelkirschen. Da werden wir die Ernte wohl oder übel teilen müssen. Diese Wildsträucher, deren Früchte uns nicht schmecken, können Sie auch allein für Vögel und andere Tiere in die Hecke einstreuen: Feuerdorn, Berberitze, Hartriegel und Wolliger Schneeball.

EINE WILDOBSTHECKE ANLEGEN

Zu einer Hecke zusammengefügt können die Sträucher an die Gartengrenze gesetzt werden. Wildobsthecken sind freiwachsende Hecken, die nicht streng in Form geschnitten werden wie zum Beispiel Lebensbaumhecken. Planen Sie genügend Standraum ein: Der Pflanzstreifen sollte etwa so breit sein, dass er zwei Dritteln der Wuchshöhe der verwendeten Sträucher und Kleinbäume entspricht, also etwa 2 m breit wird. Heben Sie die Pflanzgrube großzügig aus und reichern Sie die Erde mit reifem Kompost an. Nach dem Pflanzen gut angießen.

In einer gut zusammengestellten Wildobsthecke blüht in der ersten Jahreshälfte immer etwas, möglichst früh beginnend mit Kornelkirsche und Scheinquitte. Es gibt verschieden hohe Sträucher und Bäume, die ihrer Größe nach gestaffelt gepflanzt werden: Hohe Arten wie Haselnuss, Holunder, Felsenbirne und Zierapfel kommen in den hinteren Bereich, davor versetzt in die Lücken mittelhohe Sträucher wie Hunds-Rose, Brombeere und Maibeere, ganz vorn versammeln sich die niedrigen Sträucher wie Scheinquitte, Mahonie und Bibernell-Rose. Und zu guter Letzt: Mensch und Tier können über einen längeren Zeitraum Früchte ernten. Einige Wildrosen, Zieräpfel, Eberesche und Mispel behalten ihre Früchte bis lang in den Winter hinein, sodass sich hier überwinternde Tiere davon bedienen können.

Wacholderdrosseln und andere Standvögel freuen sich im Herbst und Winter über Früchte, die lange an den Sträuchern hängen bleiben.

In dornigem Gebüsch aus Sanddorn oder Schlehe nisten Vögel gern, denn hier wachsen ihre Jungen geschützt vor Räubern auf.

Eine Streuobstwiese

Streuobstwiesen sind ein schützenswertes Kulturgut, das mithilfe von Vereinen erhalten wird. Sie entstanden im 18. Jahrhundert, als es in allen deutschen Herrschaftsgebieten verpflichtend war, Obstbäume zu pflanzen, wenn man sich verlobte oder heiratete oder Kinder bekam oder etwas anderes tat. So entstanden mit der Zeit Wiesen mit verstreut stehenden Apfel-, Kirsch- und Birnenbäumen, unter denen Schafe weideten. Birnenbäume wurden nur selten verwendet, da sie zu groß wurden. Sauerkirschen und Pfirsiche waren dagegen zu klein. Und weil man damals noch nicht die kleineren Baumformen kannte, stehen auf den Wiesen hohe Obstbäume, darunter sehr alte, aber auch jüngere, nachgepflanzte Exemplare. Auf extensiv genutzten Flächen stehen etwa 80 bis 100 Bäume pro Hektar. Die Wiese wird Ende Mai und Ende August gemäht, wenn keine Schafe darauf weiden. Das Gras bleibt als düngender Mulch liegen.

Mit etwas Glück gehört zu einem Grundstück eine Wiese mit solch altem Baumbestand, der etwas dichter beisammen steht als auf einer Streuobstwiese. Glück deshalb, weil hier schon viele Tierarten einen 1a-Lebensraum finden: In den Baumhöhlen nisten Vögel oder Fledermäuse, überwintern Siebenschläfer und Haselmäuse. Unter der mächtigen Rinde, die sich teils schon ablöst, verbringen Fledermäuse den Tag. Am Fallobst laben sich Igel, Hornissen und Singvögel. Hier müssen keine künstlichen Nisthilfen angeboten werden, denn es gibt genügend natürliche.

GANZ SCHÖN VIEL LEBEN IM TOTHOLZHAUFEN

Mit einem aufgeschichteten Haufen aus Totholz, das nach einem Sturm oder beim Baumschnitt anfällt, machen Sie vielen nützlichen oder gefährdeten Tieren eine Freude: Nashornkäfer und Wildbienen ziehen z.B. ihren Nachwuchs darin groß. Erdkröten, Frösche, Igel, Zauneidechsen, Spitzmäuse und Mauswiesel ziehen sich darin zurück. Auch Ohrwürmer, Schlupfwespen, Marienkäfer und Laufkäfer finden einen Unterschlupf. Zaunkönig und Rotkehlchen bietet er einen Nistplatz. Legen Sie den Totholzhaufen an einer ungestörten Ecke in Ihrem Garten an.

EINE OBSTWIESE ANLEGEN

Neu angelegte Obstwiesen brauchen ein paar Jahre, bis sich der Baumbestand auf ihnen etabliert hat. Heute werden meist Halb- oder Niederstämme gepflanzt, die einfacher zu pflegen und zu beernten sind als Hochstämme. Stützen Sie sich bei der Sortenauswahl auf einen Mix aus Standardsorten für Obstwiesen, regionalen Sorten und etwa 10 % neuen, krankheitsresistenten Sorten. Lassen Sie sich von Vereinen zum Erhalt von Streuobstwiesen oder Obstbaumschulen dabei beraten. Denn bei der Auswahl kommt es auch auf die Erntezeit (es sollen doch nicht alle Bäume auf einmal reif werden) und geeignete Bestäubersorten an. In den ersten Jahren gießt und düngt man die Bäume noch. Später ist das nicht mehr notwendig. Nach ungefähr fünf Jahren kann unter den Bäumen eine *Wiese* angelegt werden, mehr dazu AUF SEITE 61.

Streuobstwiesen sind kein Relikt alter Tage. Heute werden die pflegeleichten Obstgärten zum Erhalt regionaler und alter Sorten angelegt.

Eigenheim für Vögel

Alte Bäume mit Baumhöhlen und Astlöchern, wie man sie von Obstwiesen kennt, gibt es kaum noch. Vogelnistkästen können für Höhlen- und Halbhöhlenbrüter ein Ersatzheim sein. Die Kästen werden so aufgehängt, dass die Einflugöffnung nach Osten oder Südosten zeigt. Höhlenkästen sind bei vielen Singvögeln begehrt. Die Innenmaße sollten 13 × 13 cm nicht unterschreiten, damit es dem Nachwuchs später nicht zu eng wird. Der Durchmesser des Einfluglochs wird den gewünschten Mietern angepasst. Möchte man ein exklusives Meisenheim anbieten, dann wird das Loch nur 28 mm groß gefräst. Bei 35 mm Durchmesser ziehen auch etwas größere Vögel wie Sperlinge ein.

NISTKÄSTEN AUSFEGEN

Im September, wenn die letzten Nachzügler ihr Nest verlassen haben, werden die alten Nester samt der möglicherweise darin enthaltenen Parasiten entfernt. Im Herbst ziehen oft noch Untermieter in leerstehende Nistkästen ein und halten dort schon mal ihren Winterschlaf wie die Haselmaus. Auch Ohrwürmer, Florfliegen, Wespen- und Hummelköniginnen, Mäuse, Fledermäuse oder Standvögel nutzen die trockene Bleibe für eine Nacht. Dann besser erst zum Winterende putzen.

Quartier für Fledermäuse

Fledermäuse wohnen in Baumhöhlen, Baumspalten und Stammrissen. Die kann man mit Spaltenkästen und Höhlenkästen imitieren. Für Baumfledermäuse wie das Braune Langohr wird der Fledermauskasten am Stamm angebracht. Am besten so, dass er im Halbschatten oder Schatten hängt, keine Hindernisse den An- und Abflug behindern und Katzen ihn nicht erreichen können. Spaltenkästen brauchen nur selten gereinigt zu werden. Höhlenkästen werden im Winter von Kot befreit. Übrigens ziehen Vögel und Wespen auch gern mal in einen Fledermauskasten ein.

NISTKÄSTEN ANBIETEN

Höhlenbrütende Vögel nehmen gern Nistkästen an, die an Bäumen oder Wänden angebracht werden.

VOLLHÖHLENKÄSTEN

Sie haben nur ein kleines Einflugloch. Das mögen zum Beispiel Blaumeise, Kohlmeise, Gartenrotschwanz, Kleiber, Sperling und Trauerschnäpper.

HALBHÖHLENKÄSTEN

Diese Kästen werden bevorzugt von Amseln, Hausrotschwanz, Zaunkönig und Grauschnäpper bezogen.

BEIM NISTKASTENBAU KÖNNEN SIE IHRER KREATIVITÄT FREIEN LAUF LASSEN. HAUPTSACHE: DIE KÄSTEN SIND GROSS GENUG.

Nisthilfen für Wildbienen

Wildbienen sind wertvolle, oft unterschätzte Blütenbestäuber. Die meisten Arten leben solitär, bilden also keine bevölkerungsreichen Staaten wie die Honigbienen. Sie nutzen verschiedene Nistplätze und Materialien, um Niströhren für ihren Nachwuchs anzulegen, den sie dann mit einer Ration Futter sich selbst überlassen. In naturnahen Gärten mit ein paar unaufgeräumten Ecken findet sich immer ein geeigneter Nistplatz: trockene Staudenstängel, waagerecht auf einen Haufen gelegt, senkrecht stehendes Schilf im Teich, Totholz oder sandig-lehmige Stellen.

INSEKTENHOTELS

Zusätzlich können Sie an trockener und sonniger Stelle ein Insektenhotel aufstellen oder aufhängen. Es sollte fest verankert sein und nicht pendeln. Je nach Gartengröße sind die Hotels mit mehreren „Appartements" ausgestattet oder sind „Einfamilienhäuser", die mit unterschiedlichen Materialien gefüllt werden. Haben Sie Geduld. Manchmal braucht es ein Jahr der Verwitterung, bis Wildbienen ihre Niströhren anlegen. Einige Arten sind Erstbezieher, andere Nachmieter. Für erstere erneuert man alle paar Jahre die Nistmaterialien.

HUMMELBURGEN

Hummeln bilden kleine Staaten, die nur einen Sommer lang existieren. Im Frühling erwacht die Königin und sucht sich ein Nest in Bodennähe oder sogar im Boden. Sie nutzt gern verlassene Mäusenester oder Vogelnistkästen. Künstliche Hummelburgen werden nur selten angenommen. Doch in jedem halbwegs naturnahen Garten finden die puscheligen Hummeln einen Platz, vor allem dann, wenn der ausgehungerten Königin nektar- und pollenreiche Frühjahrsblüher angeboten werden, etwa Weiden und Schlüsselblumen.

EIN INSEKTENHOTEL BAUEN

BAMBUS

Bambushalme mit einer feingezähnten Säge so zurechtsägen, dass jedes Stück mit einem Knoten (Nodium) als natürliches Ende der Röhre abschließt. Noch enthaltenes Mark mit einem Draht entfernen.

DICKE ÄSTE

Oder andere Holzstücke von gut abgelagertem, unbehandeltem Laubholz werden mit 3–9 mm messenden Bohrungen im Abstand von 1–2 cm versehen. Sie sollten etwa zehnmal so tief sein wie der Durchmesser der Bohrung.

SCHILF ODER ANDERE STÄNGEL

Schilf und markhaltige Pflanzenstängel von Kugeldistel, Brombeere, Himbeere oder Holunder passend schneiden. Eventuell mit einem Maschendraht schützen, damit Vögel die Niströhrchen nicht stibitzen.

LEHM ODER LEHMOBERPUTZ

Den Lehm in einem Kasten gut verdichten und nur wenige, weit auseinanderliegende, knapp 2 cm tiefe Löcher mit 6–8 mm Durchmesser hineinbohren.

BIETEN SIE DEN WILDBIENENARTEN MÖGLICHST VERSCHIEDENE NISTMATERIALIEN AN.

Tieren den Tisch decken

Nisthilfen allein locken die nützlichen Tiere nicht in den Garten, bieten Sie ihnen auch die passende Nahrung: pollen- und nektarreiche Blüten. Die werden auch von den Insekten und Kleintieren angeflogen, von denen sich Vögel und Fledermäuse ernähren.

BLÜTENNAHRUNG

Wildbienen, Hummeln, Hornissen und Schmetterlinge ernähren sich von Pollen und Nektar. Besonders viel davon haben diese Stauden und Frühjahrsblüher: Krokus und Blausternchen (*Scilla*), Lungenkraut (*Pulmonaria*), Beinwell (*Symphytum*), Fetthenne (*Sedum*, besonders im Spätsommer), Ziest (*Stachys*), Glockenblumen (*Campanula*), Taubnesseln (*Lamium*) und Gilbweiderich (*Lysimachia*). Ungefüllte Blüten sind besser als gefüllte Blüten, bei denen die pollentragenden Staubblätter zu Blütenblättern umgewandelt sind. Auch im Kräuterbeet gibt's allerlei Blühendes: z. B. Salbei, Lavendel, Minze und Ysop. Achten Sie auch darauf, dass die sogenannte Hungry Gap, also die blütenarme Lücke im Sommer, in der die Blütenpracht im Staudenbeet pausiert, mit blühenden Pflanzen gefüllt wird. Marienkäfer und Schwebfliegen sind ganz verrückt nach Doldenblütlern wie Dill, Fenchel und Wilder Möhre. Sie naschen vom Pollen und halten gleichzeitig Ausschau nach geeigneten Blattlauskolonien, in die sie ihre Eier legen können. Denn deren Larven sind Blattlausjäger par excellence.

Der C-Falter steuert im Sommer nektarreiche Blüten und gäriges Fallobst an. Für seine Raupen sucht er nach Salweide, Hasel, Ulme und Brennnesseln.

HORNISSEN SIND FRIEDLICH

Hornissen füttern ihren Nachwuchs mit eiweißreicher Insektenkost und helfen uns so beim Gärtnern. Sie selbst ernähren sich von Nektar, Pflanzen- und Obstsäften. Ein Stich tut zwar wegen des dickeren Stachels höllisch weh, ist aber nicht gefährlicher als der einer Honigbiene. Bienengiftallergiker sollten dennoch vorsichtig sein! Hornissen sind laut Natur- und Artenschutzrecht besonders geschützt. Mit den Wespenverwandten wird's nur gefährlich, wenn ihr Nest bedroht wird. Die Verteidigung ist sehr eindrucksvoll, denn angriffslustige Wespen werden auch schon mal in der Luft auseinandergerissen.

INSEKTENNAHRUNG

So seltsam es auch klingen mag: Bieten Sie der „Nahrung" von Vögeln, Fledermäusen und Marienkäfern Nahrung an. Lassen Sie ein paar Pflanzen von Blattläusen besiedeln oder sammeln Sie nicht alle Räupchen von den Obstgehölzen ab. Ohne diese wichtige Nahrung für den Nachwuchs werden sich Blattlausjäger wie Marienkäfer, Florfliege und Schwebfliege nicht einfinden. Und Meisen und Co. lassen den extra aufgehängten Nistkasten links liegen.

Fledermäuse sind noch anspruchsvoller. Ein kuscheliger Nistkasten allein hält sie nicht im Garten. Sie brauchen spezielle Kost: nachtaktive Insekten. Diese finden sich vor allem bei Blütenpflanzen ein, die abends und nachts blühen, zum Beispiel Königskerze (*Verbascum*), Zier-Tabak (*Nicotiana*) und Nachtviole (*Hesperis*).

OHRWURM-WOHNUNG

Die nachtaktiven Ohrwürmer verstecken sich tagsüber. Zum Beispiel in einem umgedrehten Blumentopf, der mit Stroh gefüllt ist, und an einen Baumstamm gehängt oder an einem Pfahl in Pflanzennähe aufgestellt ist. Tagsüber kann man die Ohrwurmgesellschaft dann zu blattlausbesiedelten Pflanzen tragen, die dann ab der Dämmerung gejagt werden. Leider sind die Ohrwürmer nicht wählerisch und knabbern auch an Blütenblättern.

LEBEN IN ALTEN BÄUMEN

Auf Streuobstwiesen finden viele, teils gefährdete Säugetiere, Vögel und Insekten ein Zuhause. Und selbst in scheinbar toten Bäumen regt sich Leben. Lassen Sie darum alte Veteranen auch dann stehen, wenn sie nur noch wenige Früchte tragen.

DER STEINKAUZ

Die nur taubengroße Eule richtet sich in Baumhöhlen wohnlich ein, bevorzugt in abgestorbenen Bäumen. Stehen die auf oder in der Nähe einer Streuobstwiese, findet sie auch genügend Feldmäuse und andere Kleintiere, um sich und ihren Nachwuchs zu versorgen. Gefällt es dem Steinkäuzchen, bleibt es seinem Revier treu.

DAS BRAUNE LANGOHR

Den Tag verschläft die 5 cm kleine Fledermaus in einer Baumhöhle oder einer Baumspalte. Nachts geht sie auf die Jagd nach den ebenfalls nachtschwärmerischen Mücken und Motten. Im Sommer bezieht sie gern naturnahe Gärten mit Obst- und anderen Bäumen, ebenso wie der Kleine Abendsegler.

DER SIEBENSCHLÄFER

Für ihren ausgedehnten Winterschlaf von sage und schreibe acht Monaten findet die Schlafmaus das passende Quartier in Baumhöhlen auf Obstwiesen. Hier kuschelt sie sich mit ihren Verwandten ein. In den restlichen vier Monaten Wachphase ernährt sich der Siebenschläfer von Früchten, Samen, Knospen, Rindenstücken und auch mal einem Insekt.

DER HIRSCHKÄFER

Früher lebte der 9 cm große, geweihtragende Käfer in Eichenwäldern, wo er genügend totes, morsches Holz für seinen Nachwuchs fand. Heute sieht man ihn auch öfter in Streuobstwiesen, wenn es dort abgestorbene Bäume oder Baumstümpfe gibt. Die Käferlarven leben mindestens fünf Jahre lang im toten Holz, bevor sie sich verpuppen und als Käfer erwachen.

DER GARTENROTSCHWANZ

Der zierliche Singvogel mit dem auffällig roten Schwanz ist Nachmieter in Spechthöhlen, nimmt aber auch gern einen von Menschenhand aufgehängten Höhlennistkasten an. An Obstbäumen und -sträuchern findet er allerhand Schmetterlingsraupen, Käferlarven und andere Insekten, die er an seine hungrigen Jungen verfüttert.

DIE BLAUE HOLZBIENE

Die solitäre Wildbiene mit dem dicken blauschwarzen Körper nagt Niströhren ins Holz toter Bäume oder nutzt alte Käfergänge nach. Dort hinein legt sie ihre Eier und reichlich Pollenvorrat für den bald schlüpfenden Nachwuchs. Sie sammelt Nektar und Pollen und bestäubt nebenher die Obstbaumblüten.

DER SIEBENPUNKT-MARIENKÄFER

Der heimische Blattlausjäger ist in fast jedem Garten zu Haus. Seine bevorzugte Beute sind zwar Blattläuse, doch fressen er und seine Larven auch andere Kleininsekten. Die nützlichen Insekten überwintern auch in der aufgeplatzten Borke von alten Obstbaumstämmen. Näher können sie den Blattläusen im Frühling gar nicht sein.

KERN-OBST

Auf Portugiesisch heisst Quitte „marmelo". So kam die Marmelade zu ihrem Namen.

Einen Apfelbaum zu pflanzen – das hat Tradition. Und die kann man dank der Züchtung kleinbleibender Bäume auch in kleinsten Gärten pflegen.

Und vielseitig ist so ein Apfelbaum auch, denn für jeden Geschmack gibt es die passende Sorte: Es gibt mürbe Kuchenäpfel, säuerliche Weinäpfel und Äpfel, um daraus Apfelsaft oder Apfelmus zu machen. Sie meinen, das ist ganz schön viel Auswahl? Stimmt, denn allein in Deutschland gibt's rund 2000 Sorten! Apfelbäume fühlen sich in den meisten Gartenböden recht wohl und vertragen auch kalte Winter gut. Birnen dagegen, ebenfalls ein sortenreiches Obst, wollen viel wärmer stehen, geschützt an einer nach Süden ausgerichteten Mauer oder gleich im Weinbauklima. Leider gibt es darum nur noch wenige Birnen in den Gärten. Doch dank schwachwachsender Unterlagen und kälteverträglicherer Sorten können die Birnenbäume jetzt auch in kühlere Regionen ziehen. Aufwind hat auch die robuste, kleinbleibende Quitte erfahren, die lange Zeit wegen ihrer zwar aromatischen, doch steinharten Früchte in Vergessenheit geraten war.

Der Apfel

Auf nährstoffreichen, tiefgründigen Böden gedeihen Apfelbäume (*Malus domestica*) wunderbar und bringen gute Erträge: bis zu 6 kg/m². An einem trockenen Südhang, als Spalier an einer Südwand oder in kalten, nassen Böden mögen sie nicht stehen.

Für jeden Gartenwunsch gibt es die passende Baumhöhe, von groß nach winzig: Hoch- und Halbstämme, Niederstämme, Säulenbäume, Spindeln und Zwergbäume. Möchten Sie möglichst viele verschiedene Sorten ernten, pflanzen Sie mehrere Spindelbaumsorten als Obsthecke nebeneinander. Äpfel sind selbstunfruchtbar. Es braucht immer einen zweiten Baum als Pollenspender, um überhaupt ernten zu können. Einige der neueren Ballerina-Sorten sind teilweise selbstfruchtbar. Diese haben alleinstehend zwar einen guten Fruchtansatz, mit einer zweiten Sorte wären es aber deutlich mehr Früchte.

Die grasgrünen Früchte des Säulen-Apfel 'Greencats' wachsen dicht am Haupttrieb. Der schlanke Baum passt gut in kleine Gärten. Die Erntezeit beginnt im September und die Früchte können bis Dezember gelagert werden.

Die kleinen, dunkelroten Früchte des Herbstapfels 'Releika' hängen an einem schwach bis mittelstark-wachsenden Baum. Die mäßig saftigen, doch süßen Äpfelchen reifen ab September und halten sich bis Dezember im Lager.

Bei den rund 2000 Apfelsorten in Deutschland fällt die Wahl nicht leicht: Regionale Sorten sind an Klima- und Bodenverhältnisse angepasst. Bei alten Sorten gibt es auch sogenannte Wirtschaftsäpfel, die erst mit der Verarbeitung an Geschmack gewinnen. Neue Sorten sind häufig resistent oder tolerant gegenüber Apfelschorf und Echtem Apfelmehltau. Ihre Namen beginnen meist mit „Pi" (für Pillnitz) und „Re" (für resistent). Ist Platz für mehrere Bäume, können Sie die Reifezeit staffeln. Eine *Auswahl* empfehlenswerter Sorten finden Sie AUF SEITE 148.

PFLEGEPROGRAMM

Im Juni stoßen Apfelbäume ungenügend befruchtete und überzählige Früchte während des sogenannten Junifruchtfalls ab. Das ist kein Grund zur Panik, denn der Baum könnte nicht alle Früchte versorgen. Bei kleineren, gut erreichbaren Bäumen kann man die Fruchtausdünnung auch manuell weiterführen. Denn man weiß, dass eine Frucht 15 bis 20 Blätter braucht, um gut wachsen zu können. Das sorgt für weniger, aber im Durchschnitt größere Früchte. Lassen Sie pro Blütenbüschel nur die größte Frucht stehen. Mit der Fruchtausdünnung kann man auch Sorten „beruhigen", die zur Alternanz neigen wie der bekannte 'Boskoop'. Alternanz bedeutet, dass auf ein ertragsstarkes ein ertragsschwaches Jahr folgt. In dem Fall entfernt man ganze Blütenbüschel an einem Trieb. Die beraubten Triebe markiert man, damit man sie im darauffolgenden Jahr in Ruhe lässt. Stippeanfällige Sorten können Sie im Sommer vorbeugend mit einer *Kalziumblattdüngung* versorgen, wie AUF SEITE 58 beschrieben.

KRANKHEITEN UND SCHÄDLINGE

Echter Apfelmehltau: Blätter, Blüten und selten auch die Früchte sind weißlich überpudert. Vorbeugend kranke Triebspitzen im Frühjahr zurückschneiden, beim Winterschnitt Triebe mit schlecht geschlossenen Knospen entfernen. Bei dennoch starkem Sommerbefall lohnt die Behandlung mit einem Fungizid.

Apfelschorf: Auf den Blättern zeigen sich kleine, bräunlich-grüne Flecken, die zusammenfließen, auf Früchten sind zudem verkorkte Risse. Bei feuchtem Wetter breitet sich der Pilz rasch aus. Vorbeugend Falllaub entfernen, die Krone licht schneiden und empfindliche Sorten mehrmals mit einem Fungizid behandeln. Bei Lagerschorf – also Schorf, der erst an den eingelagerten Früchten auftritt – heißt es, kranke Äpfel zu entfernen.

Blutlaus: An Zweigen und Stämmen, bevorzugt auf Wunden, sitzen weißflaumig bedeckte Läusekolonien, die krebsartige Wucherungen auslösen. Vorbeugend *Wunden behandeln* AUF SEITE 70-71 und Läusekolonien abkratzen. Bei starkem Befall können Sie mit einem Insektizid behandeln. Achtung: Oft parasitiert hier die Blutlauszehrwespe, dann bitte nicht chemisch bekämpfen!

Obstbaumkrebs: Wunden heilen nicht, sondern werden größer und haben einen krebsartig überwucherten Wundrand. Sobald die Wucherung den Stamm umfasst, stirbt der Baum ab. Auch hier vorbeugend Wunden behandeln. Bestehenden Obstbaumkrebs großflächig ausschneiden.

Bei starkem Befall mit Apfelschorf reißen die Früchte auf und verschorfen unschön. Die Früchte sind zwar noch essbar, jedoch nicht lagerfähig.

Apfelwickler: Die erste Generation Raupen frisst im Frühsommer in den kleinen Äpfelchen, die zweite Generation an den fast reifen Äpfeln. Vorbeugend den *Stamm pflegen* AUF SEITE 62, ab Mai mit Pheromonfallen den Falterflug beobachten und eventuell das Granulosevirus oder *Bacillus thuringiensis* ausbringen. Die befallenen Früchte entfernen und Wellpappegürtel ab Ende Juni um den Stamm legen, um die Raupen abzufangen.

Fruchtmonilia: AUF SEITE 65

APFEL-UNTERLAGEN

Hoch-, Halb- und Niederstämme werden auf starkwachsende Sämlingsunterlagen veredelt. Die schwachwachsende Unterlage M27 ist gut für Apfelbäume in Topfkultur und für optimale Standorte, die beiden schwachwachsenden M9 und M26 für kleinbleibende Bäume. M7 und MM106 sind mittelstarkwachsend und werden mit schwachwüchsigen Sorten kombiniert. Vor 1850 gezüchtete Apfelsorten sind weniger gut für schwache Unterlagen geeignet, da die Früchte auf kleinen Bäumen größer werden und dann zu Stippe und Wässrigkeit neigen.

ERNTEZEIT

Die frühesten Apfelsorten, die Sommeräpfel, reifen ab August. Verarbeiten Sie sie am besten sofort zu Kuchen, Kompott oder Saft, denn sie lassen sich nicht lange lagern. Herbst- und Winteräpfel reifen ab Mitte September bis Ende Oktober. Sobald die Früchte sortentypisch ausgereift sind und sich mit einem Dreh leicht vom Baum lösen lassen, können sie geerntet werden. Sind es *Lageräpfel*, sollten die Kerne braun sein. Es gibt Sorten, die erst nach einigen Wochen im Lager genussreif sind AUF SEITE 75. Man unterscheidet hier zwischen Pflückreife und Genussreife.

DAS FRUCHTHOLZ JUNG HALTEN

Das Fruchtholz mit den Blütenansätzen entsteht an den Fruchtästen, die an den Leitästen wachsen. Je älter das Fruchtholz

Vergreistes Fruchtholz wird zurückgeschnitten. Hier würden nur noch kleine Äpfel wachsen.

ist, desto verwachsener ist es und desto mehr hängt der Trieb nach unten. An solchen vergreisten Trieben entstehen nur noch kleine und qualitativ minderwertige Früchte. Der Ertrag des Baumes geht zurück.
Alle zwei bis drei Jahre sollten Sie vor Beginn des Austriebs für eine Erneuerung des Fruchtholzes sorgen. An dem sich bogig herabneigenden Ast sind mehrere kräftige Triebe gewachsen. Schneiden Sie den Bogen bis zum stärksten Trieb zurück. Hier entsteht neues Fruchtholz. Kurzes, in Quirlen angeordnetes Fruchtholz wird ausgelichtet.

SO BLEIBEN ÄPFEL ERTRAGREICH

Apfelbäume werden jedes Jahr ausgelichtet. Der *Hauptschnitt* erfolgt im ausgehenden Winter kurz vor Austriebsbeginn nach den Grundlagen AUF SEITE 68. Apfelbäume blühen und fruchten bevorzugt an zweijährigen Trieben. Diese werden beim Erhaltungsschnitt gefördert. Ältere fruchttragende Triebe an den Leittrieben leitet man auf einen jüngeren Trieb ab. Nach einem Verjüngungsschnitt folgt im Juli darauf ein Sommerschnitt, bei dem die senkrechten Wasserschosser entfernt werden. Ähnlich werden Birnen und Nashi-Birnen geschnitten.

EINEN SPINDELBAUM ERZIEHEN

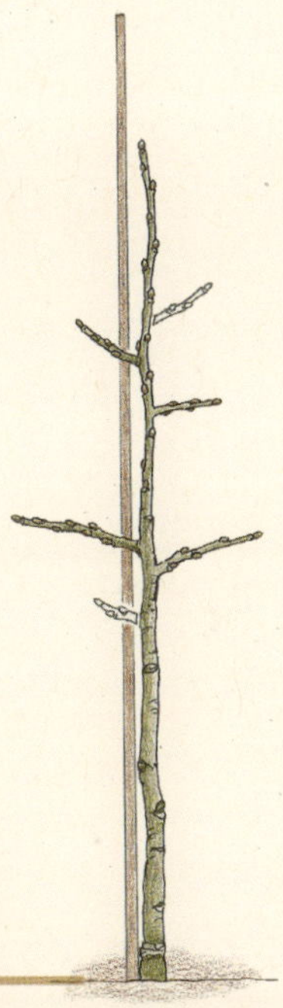

1

Starten Sie mit einer zweijährigen Veredelung und schneiden Sie die Triebe unterhalb von 50 cm weg. Drei bis vier kräftige, relativ flach wachsende Triebe auswählen und um ein Drittel bis die Hälfte einkürzen. Ziel ist eine kegelförmige Krone. Die Stammverlängerung auf fünf bis sechs Knospen über dem obersten Seitenast zurückschneiden.

2

Im zweiten Jahr spitzwinkelig nach oben weisende Triebe an der Stammverlängerung entfernen. Zu steil wachsende Seitentriebe waagerecht binden AUF SEITE 50. Stammverlängerung um ein Drittel des Jahreszuwachses zurückschneiden.

3

Jährlicher Erhaltungsschnitt: Fruchtäste, die älter als drei bis vier Jahre sind, nah an der Stammverlängerung auf einen kurzen Stummel oder auf innen liegende Seitentriebe mit Blütenknospen zurückschneiden. Hier entstehen neue Fruchtäste.

NACH DIESEM MODELL KÖNNEN AUCH BIRNEN, SÜSSKIRSCHEN UND PFLAUMEN GEFORMT WERDEN.

Die Quitte

Quitten (*Cydonia oblonga*) bleiben von Natur aus mit 3 bis 4 m klein und passen auch in kleinere Gärten. Sie werden als strauchartiger Busch oder als kleiner Baum gezogen. Veredelt wird auf Quittenunterlagen. Tiefe Fröste können das Quittenholz beschädigen. Die holzfrostempfindlichen Bäume wünschen sich daher einen geschützten Platz, auch mit weniger fruchtbarem, trockenem Boden. Als weniger frostempfindlich werden 'Konstantinopler', 'Leskovacz', 'Radonia' und 'Wudonia' beschrieben. Die goldgelben, duftenden Quitten haben recht hartes Fruchtfleisch. Alle Sorten gelten als selbstfruchtbar.

PFLEGEPROGRAMM

Quittenbäume sind sehr pflegeleicht. Sie werden alle paar Jahre ausgelichtet. Düngen Sie nicht stickstoffbetont. Wässern Sie bei Trockenheit, denn das erhöht die Fruchtqualität. In rauen Lagen sollten die Quitten im Frühjahr gepflanzt werden.

KRANKHEITEN

Blattbräune: Braunrote, rundliche Flecken zeigen sich auf den Blättern, später schwarze Flecken auch auf den Früchten. Vorbeugend Falllaub und kranke Früchte aufsammeln, die Krone licht schneiden.

Fleischbräune: Diese Krankheit tritt vor allem in feuchten Jahren auf. Auch wenn die Quitten zu lange hängen, wird das Fruchtfleisch braun. Die Früchte können dennoch verwertet werden.

Feuerbrand: Informationen AUF SEITE 95.

Die Quittensorte 'Ronda' ist eine sogenannte Birnenquitte mit birnenähnlichen Früchten. Rundlichere Typen werden Apfelquitten genannt. Auf den Geschmack hat die Fruchtform jedoch keinen Einfluss.

ERNTEZEIT

Ab Ende September beginnen die Früchte zu reifen. Lassen sie sich leicht vom Baum lösen und sind die Kerne braun, sollten Sie ernten – spätestens vor den ersten längeren Frösten. In manchen Jahren färbt sich die Schale nicht gelb, dies ist also kein Indiz für Erntereife. Der wollige Flaum wird vor der Verarbeitung abgerieben. Üblich ist es, aus den Quittenfrüchten zunächst Saft und später Gelee zu kochen. Dafür braucht man keinen Gelierzucker, da die Früchte viel Pektin enthalten. Die Früchte einiger Sorten sind süßer und schmecken auch roh, wenn sie in dünne Scheiben geschnitten werden, zum Beispiel 'Cydora', 'Cydopom', 'Krymska' und 'Limon Ayvasi'. Gesunde Früchte können Sie in Obstkisten mindestens bis Dezember, manchmal auch bis April *lagern* AUF SEITE 75.

Die Birne

Birnen (*Pyrus communis*) brauchen den wärmsten Platz im Garten. Da konkurrieren sie mit den *Aprikosen* (AUF SEITE 106), die denselben Platz beanspruchen. Sie möchten auf sandigen Lehmböden oder lehmigen Sandböden stehen, deren Untergrund weder verdichtet noch staunass ist. In kühleren Regionen können Sie die Birnen als Spalier an einer warmen Südmauer ziehen. Birnen blühen noch vor den Äpfeln und sind außerhalb der Weinbauregionen spätfrostgefährdet.

Ein bis zu 15 m hoher Birnenbaum auf Sämlingsunterlage ist nur etwas für große Gärten oder Obstwiesen. Für normalgroße Hausgärten gibt es kleinbleibende Bäume, die auf schwachwüchsige Quittenunterlagen veredelt werden. Auf problematischen Standorten wird die arteigene Unterlage Pyrodwarf verwendet.

Alle Birnensorten sind selbstunfruchtbar. Zur Bestäubung reicht meist eine gleichzeitig blühende Birne in der Nachbarschaft. Ist die nicht vorhanden, muss eine zweite Birne her.

Einige historische Sorten entsprechen auch noch unserer heutigen

Die rot überhauchte Herbstbirne 'Elektra' ist wenig schorfanfällig. Ab Mitte September sind die Früchte pflückreif. Ihren aromatischen Schmelz bekommen sie jedoch erst nach ein paar Wochen im Lagerraum.

Vorstellung einer Tafelbirne: u. a. 'Vereinsdechantsbirne', 'Boscs Flaschenbirne', 'Conference' oder 'Alexander Lucas'. Zudem gibt es eine ganze Reihe neuerer, robuster Sorten, auch für kühlere Regionen. Eine *Auswahl* finden Sie AUF SEITE 149. Fragen Sie bei Ihrer örtlichen Obstbaumschule nach für die Region geeigneten Sorten und Bestäubersorten.

PFLEGEPROGRAMM

Auch wenn Birnen anspruchsvoll sind, wenn es ums Klima geht, sind sie doch recht pflegeleicht. Sobald ein Bäumchen erzogen ist, wird nur noch jährlich ausgelichtet, alle paar Jahre wird das *Fruchtholz erneuert* AUF SEITE 92. Hängen viele Birnchen am Baum, sollten Sie Ende Juni *ausdünnen* AUF SEITE 91. Verwenden Sie kaliumbetonte Dünger. Schwachwüchsige, auf Quitte veredelte Birnen sind im Wurzelbereich frostempfindlich. Die Baumscheibe wird darum im Winter mit Stroh und Laub abgedeckt.

KRANKHEITEN UND SCHÄDLINGE

Birnengitterrost: Auf den Blättern sind auffällige rotorange Flecken, auf der Blattunterseite warzige Sporenlager. Der Pilz ist wirtswechselnd mit einigen Wacholdern (u. a. *Juniperus sabinae*, einige Sorten von *J. chinensis* und *J. media*), an deren Trieben im Frühjahr orangefarbene Sporenpolster auftreten. Vorbeugend kranke Wacholder entfernen bzw. zurückschneiden und kranke Birnenblätter entfernen. Bei starkem Vorjahresbefall können Sie die Birnen mit einem Fungizid behandeln.

Birnengallmücke: Einzelne Früchte bleiben klein, werden schwarz und fallen ab. Kleine Baumformen und Spaliere werden bevorzugt befallen. Vorbeugend Bäumchen schütteln, damit befallene Früchte abfallen, Früchte aufsammeln.

Feuerbrand: Das Bakterium lässt Blätter, Blüten und Triebe von Birnen und anderen Kernobstverwandten schwarzbraun verdorren. Bei Verdacht ist die Krankheit dem zuständigen Pflanzenschutzamt zu melden! Vorbeugend sollten Sie Ihre Schnittwerkzeuge desinfizieren.

Fruchtmonilia: Informationen AUF SEITE 65.

ERNTEZEIT

Sobald sich der Stiel beim Drehen der Frucht leicht vom Trieb löst, kann geerntet werden. Doch sind Birnen erst Wochen nach der Ernte weich, schmelzend und aromatisch. Man kann hier klar zwischen pflückreif und genussreif unterscheiden. Sommerbirnen erntet man ab August, Herbstbirnen ab September und Winterbirnen ab Oktober. *Herbst- und Winterbirnen* lassen sich mehrere Wochen bis Monate einlagern, mehr dazu AUF SEITE 75.

VERWANDTSCHAFT AUS ASIEN

Die Nashi-Birnen (*Pyrus pyrifolia*) werden etwa 2,5 bis 4 m hoch. Sie wachsen überall dort, wo auch Birnen wachsen, sind jedoch wegen ihrer noch zeitigeren Blüte spätfrostgefährdet. Nashis sind Fremdbefruchter, Sie brauchen also zwei Sorten oder eine gleichzeitig blühende Birne, etwa 'Williams Christ', in der Nähe. Da sie überreich Früchte ansetzen, werden die Bäume im Juni ausgedünnt. Geschnitten wird wie bei Apfel und Birne. Die apfelförmigen, saftig-aromatischen Nashi-Birnen sind etwa ab August pflückreif. Die Sorten 'Hosui', 'Shinseiki', 'Chojuro', 'Kosui', 'Nijisseiki' und 'Kumoi' (Foto) unterscheiden sich in ihrer Reifezeit.

Mit Obstspalieren gestalten

Für kleine Gärten sind Spaliere ideal, denn sie nehmen nicht viel Platz ein. Sie wachsen schmal an freistehenden Drahtgerüsten oder an einer Hauswand oder Mauer. In größeren Gärten werden sie gern als Gestaltungselement eingesetzt: als raumteilende Spalierhecke, um Sichtachsen zu schaffen, oder auch als niedrige Stepover-Hecke (siehe unten), die Wege und Beete einfasst. In ungünstigen Lagen kann man wärmeliebende Birnen an einer Hauswand ziehen. Für die Erziehung brauchen Sie allerdings ein paar Jahre Geduld und auch danach wird mindestens dreimal im Jahr die Schere angesetzt, damit die schmalen Bäumchen in Form bleiben. Spaliere benötigen ein Gerüst, an dem die Triebe angeheftet werden. Aus eigener Kraft sind sie oft nicht standfest.

SPALIERFORMEN

Apfel und Birne können gut in geometrischen Formen erzogen werden, etwa als U mit in rechten Winkeln geformten Leitästen. Da sich die Stammverlängerung auf zwei oder bei der Doppel-U-Form auf vier Triebe verteilt, entwickeln sich mehr blühwillige Kurztriebe. Die U-Form ist relativ leicht zu erziehen und kann freistehend an einem Drahtspalier gezogen werden. Für eine Spalierhecke setzen Sie mehrere U-Spaliere in einem Abstand von 70 cm nebeneinander.

Für die Begrünung von Hauswänden ist vor allem die Verrier-Palmette geeignet. Wie bei einem Armleuchter werden drei oder mehr Etagen zunächst waagerecht und dann senkrecht nach oben geleitet. Den Rahmen gibt ein Lattengerüst oder Drahtspalier vor, dessen senkrechte und waagerechte Streben etwa 30 bis 40 cm auseinanderliegen. Die einzelnen Ast-Etagen werden auf Höhe der waagerechten Streben gezogen. Um den Austrieb an dieser Stelle anzuregen, wird der Mitteltrieb bzw. die Stammverlängerung auf Höhe der Streben eingekürzt. Erst wenn ein Spalierarmpaar senkrecht nach oben gebogen wurde, arbeitet man mit der nächsten Etage weiter. Die Anleitung finden Sie im Kasten rechts.

Stepover sind etwa kniehohe, an einem Draht gezogene, freistehende Spaliere. Entstanden sind sie in England. Für eine niedrige Hecke werden die Mini-Spaliere im Abstand von 2 m gepflanzt.

Steinobst wird bevorzugt als *Fächerspalier* gezogen. Wie das geht, lesen Sie AUF SEITE 107.

APFEL- & BIRNENSORTEN AM SPALIER

Für Spaliere eignen sich besonders Sorten, die kurzes Fruchtholz bilden.
Bei Birnen sind es zum Beispiel:
'Frühe von Trévaux', 'Williams Christ', 'Gute Luise', 'Vereinsdechantsbirne', 'Alexander Lucas', 'Gräfin von Paris', 'Madame Verté'.
Beim Apfel machen sich diese gut:
'Cox Orange', 'James Grieve', 'Retina', 'Reglindis' und 'Piros'.

SO WERDEN SIE ERZOGEN

Egal, welche Form entstehen soll, Sie beginnen mit einer einjährigen Veredlung auf mittelstarkwachsender Unterlage. Achten Sie schon beim Kauf auf die Lage der Knospen in 30 cm Höhe. Denn in dieser Höhe wird der Mitteltrieb zurückgeschnitten. Unterhalb der Schnittstelle sollten zwei Knospen, von denen eine nach rechts und eine nach links zeigt, vorhanden sein. Drehen Sie das Bäumchen beim Pflanzen so, dass die Knospen parallel zum Spalier stehen. Im zweiten Jahr wachsen aus diesen beiden Knospen die Triebe für den Gerüstaufbau. Sie sollten zunächst schräg wachsen dürfen und nur leicht an das Spalier angeheftet werden. Bilden sich noch andere Triebe, werden diese am Mitteltrieb mit einem Ruck

Niedrige Spaliere oder Stepover eignen sich gut als Beeteinfassung in kleinen Gemüsegärten. Denn so können Obst und Gemüse in kleinen Gärten gut kombiniert werden, ohne dass die Gemüsepflanzen im Schatten großer Obstbäume stehen.

ausgerissen, solange sie noch weich sind. Mitte August heften Sie die Triebe waagerecht bis kurz vor die Biegestelle an. Danach biegen Sie das Ende des Triebes bei U-Formen und Verrier-Palmetten bei gleichzeitig sanfter Drehung senkrecht.

REGELMÄSSIG ZURÜCKSCHNEIDEN

Nehmen Sie sich für den Spalierschnitt immer etwas Zeit. Der Hauptschnitt wird auch hier im Winter durchgeführt. Alle Triebe, die nach vorn, zur Wand und zu steil wachsen, schneiden Sie am Stamm weg, denn sie stören das Grundgerüst. Zu dicht stehendes Fruchtholz an den Spalierarmen lichten Sie aus.

Damit Apfel- und Birnenspaliere ihre Form wahren, werden sie im Sommer zweimal zurückgeschnitten. Im Juni kürzen Sie die jungen Seitentriebe auf drei bis vier Knospen ein. Im August kappen Sie den Neuaustrieb über der zweiten oder dritten Knospe.

DIE VERRIER-PALMETTE

in vier Schritten

1 Schneiden Sie den Mitteltrieb auf 30 cm zurück. Das erste Astpaar heften Sie in der Folge schräg am Spalier an. Triebe, die zwischen den Streben erscheinen schneiden sie zurück.

2 Im August des zweiten oder dritten Jahres sind die Triebe etwa 1,20 m lang. Sie werden im nächsten Schritt etwa 90 cm vom Mitteltrieb entfernt senkrecht gebogen und angeheftet. Am Mitteltrieb wird ein zweites Spalierarmpaar gezogen.

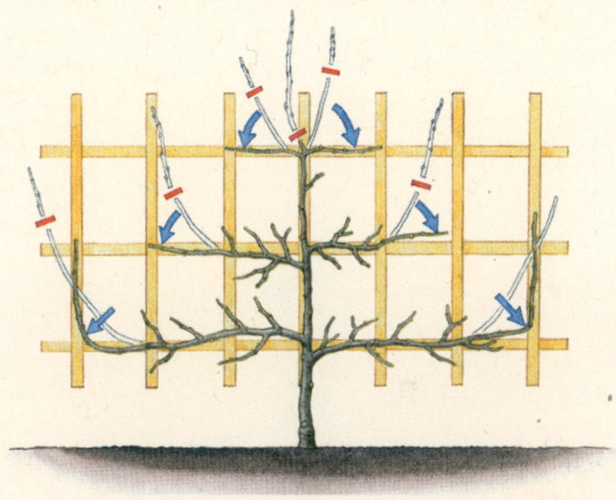

3 Dieses wird im Abstand von 60 cm von der Mitte senkrecht gebogen. Der Mitteltrieb wird zurückgeschnitten und aus dem obersten Knospen ein drittes Armpaar zunächst schräg angeheftet.

4 Später biegen Sie dieses dritte Spalierarmpaar 30 cm von der Mitte senkrecht nach oben. Beim Erhaltungsschnitt sollten Sie auf ein Gleichgewicht zwischen den einzelnen Armpaaren achten. Die oberen sollten nicht stärker wachsen als die unteren.

MIT DIESER SPALIERFORM LASSEN SICH GRÖSSERE BIRNEN- UND APFELSPALIERE AN EINER HAUSWAND ZIEHEN.

STEIN-OBST

Schon die alten Chinesen assen vor rund 8000 Jahren grossfruchtige Pfirsiche.

Hmm, was für ein Genuss: knackig süße Knupperkirschen schon bei der Ernte zu vernaschen, in saftig-reife Pfirsiche zu beißen und den Pflaumenkuchen mit den eigenen Pflaumen zu backen.

Pflaumen und Sauerkirschen finden in fast jedem Garten eine Heimat. Sie sind sehr genügsam und wachsen auch unter weniger guten Bedingungen. Sauerkirschen sind so robust, dass sie selbst in kühlerem Wetter und mit weniger Niederschlägen auskommen als die anderen Steinobstarten. Etwa die Diva des Obstgartens: die Süßkirsche. Man glaubt es kaum, doch diese Königin unter den Früchten verzeiht schlechten Boden und zu viel Regen gar nicht. Sie ist dann fast schon mäkelig und leidet unter verschiedensten Krankheiten. Darum: Für die Süßkirsche nur das Beste! Pfirsiche und Aprikosen sind Liebhaberfrüchte. Nur in warmen Regionen oder in einer geschützten Ecke am Spalier gedeihen sie gut. Diese beiden und die Sauerkirsche bleiben von Natur aus klein. Das qualifiziert sie für den Anbau in kleinen Gärten. Pflaumen und vor allem Süßkirschen können auf Sämlingsunterlagen veredelt zu Riesen werden.

Die Pflaume

Pflaumen (*Prunus domestica*) kommen mit jedem normalen Gartenboden zurecht, der ausreichend feucht und warm ist. Sie vertragen sogar einen bis zu 50 cm hohen Grundwasserstand. Mirabellen und Renekloden wollen zusätzlich Sonne und Wärme, wie man sie in Weinbaulagen findet. Pflaumen gibt es in allen Größen: von Halb- und Hochstamm, die 40 m² Platz brauchen, bis hin zu kleinen Spalieren, Säulen- und Zwergbäumen. Die Halb- und Hochstämme werden auf Pflaumensämlinge veredelt, die kleineren Baumformen auf schwachwüchsige Unterlagen wie St. Julien INRA 655/2, Wangenheim WaVit und Jaspi Ferely.

Es gibt selbstfruchtbare und selbstunfruchtbare Sorten gleichermaßen. Bei letzteren holt man sich eine andere Sorte, die zur selben Zeit blüht. Es sei denn, Schlehen oder Kirschpflaumen wachsen in der Nähe, die können auch Bestäuber sein. *Empfehlenswerte Sorten* finden Sie AUF SEITE 150.

Die Zwetsche 'Auerbacher' gilt als eine sehr gute Sorte für Pflaumenkuchen. Ihre leicht säuerlichen, saftigen Früchte reifen ab September. Die mittelstarkwachsenden Bäume sind teilweise auch selbstfruchtbar.

Vor allem in feuchten Jahren kann sich der Pflaumenrost stark ausbreiten. Der Pilz verursacht zunächst gelbe Punkte auf den Blattoberseiten, später braune stäubende Pusteln auf den Unterseiten.

PFLEGEPROGRAMM

Im Frühjahr wird Kompost auf der Baumscheibe verteilt. Einen zu starken Fruchtbehang, zum Beispiel bei 'Cacaks Fruchtbare', sollten Sie im Juni ausdünnen.

KRANKHEITEN UND SCHÄDLINGE

Pflaumenrost: Auf der Blattoberseite bilden sich gelbe Flecken, auf der Unterseite rostig-braune, später schwarze Sporenpolster. Bei feuchtem Wetter breitet sich die Krankheit rasch aus. Vorbeugend kranke fahlgrüne Anemonen mit deformierten Blüten, die als Zwischenwirte fungieren, entfernen, Falllaub entsorgen und bei Erscheinen erster Blattflecken im Frühjahr ein Fungizid anwenden.

Pflaumenwickler: Die erste Generation Larven lebt in den jungen, noch grünen Früchten, die zweite Generation in fast reifen Früchten. Vorbeugend auf eine gute *Stammpflege* achten AUF SEITE 62 und Wellpappegürtel ab Ende August am Stamm anbringen, um die Larven abzufangen. Ab Mitte Mai können Sie Pheromonfallen zur Flugüberwachung der Wickler aufhängen und eventuell mit *Bacillus thuringiensis* behandeln AUF SEITE 66. Außerdem befallene Früchte absammeln.

Scharka: Die Viruserkrankung ruft auf Blättern hellolivgrüne Flecken oder Ringe hervor, die im durchscheinenden Licht deutlicher werden. Früchte haben pockenartige Einsenkungen und sind bitter. Scharka ist meldepflichtig. Vorbeugend sollten Sie weniger anfällige Sorten pflanzen, zum Beispiel 'Katinka', 'Bühler' und 'Ontariopflaume'.

Blattläuse: AUF SEITE 65

Fruchtmonilia: AUF SEITE 65

ERNTEZEIT

Früheste Sorten reifen ab Juli. Auch wenn Pflaumen, Renekloden und Mirabellen voll ausgefärbt sind, sind sie lange noch nicht reif. Das sind sie erst nach ein bis zwei Wochen. Dann lassen sie sich auch leicht lösen. Und wenn man genau hinschaut, sieht man am Fruchtstiel kleine Runzeln. Späte Pflaumen und Zwetschgen geben ihr Bestes als Kuchenbelag, Pflaumenmus oder Kompott. Auch Wein lässt sich gut aus ihnen bereiten. Renekloden und Mirabellen isst man frisch oder als Kompott und Marmelade.

PFLAUME ODER ZWETSCHE?

Die Mirabellensorte 'Aprimira' ist durch die Kreuzung mit einer Pflaume entstanden.

Das kann man selten genau bestimmen. Es gibt zwar eindeutige Zuordnungen, aber auch viele Zwischenformen durch Verkreuzungen.

Pflaumen sind meist rundlich und haben eine deutliche Kernnaht. Sie sind blau bis violett, gelb oder rot. Sie schmecken aromatisch-süß.

Zwetschen sind eher länglich, tiefdunkel gefärbt und bereift. Sie haben festes, sehr aromatisches Fruchtfleisch und der Stein löst sich gut.

Renekloden haben große runde Früchte, die grün bis gelb gefärbt sind. Sie sind sehr süß. Die Bereifung ist sortentypisch.

Mirabellen sind klein und rund, gelb bis rot, gesprenkelt oder haben rote Wangen. Ihr Fruchtfleisch ist fest und süß-aromatisch. Sie reifen ab August.

SO BLEIBEN PFLAUMEN ERTRAGREICH

Nach der Ernte, spätestens im Spätwinter, wird die Krone ausgelichtet. Pflaumen tragen am zwei- und mehrjährigen Holz. Leiten Sie daher älteres Fruchtholz auf jüngeres ab. Beim Erziehungsschnitt von Anfang bis Mitte März wird darauf geachtet, dass die Leitäste in einem Winkel von etwa 60 ° vom Haupttrieb bzw. dem Stamm abstehen. Das können Sie mit *Abspreizen* oder *Hochbinden der Äste* AUF SEITE 50 beeinflussen. Sehr steil stehende Äste, sogenannte Schlitzäste, entfernen Sie ganz. Sie sind typisch für Pflaumen. Werden die Seitentriebe an der Stammverlängerung waagerecht gebunden, fördert das die rasche Entwicklung von Fruchtholz.

Die Sauerkirsche

Sauerkirschen sind äußerst genügsam, vertragen selbst kühleres Wetter und weniger Niederschläge. Doch: Der Boden darf nicht nass und kalt sein, sonst kränkeln die Sauerkirschen schnell. Ihre Krone bleibt mit 3 bis 4 m von Natur aus kleiner als die der Süßkirschen. Kleinere Baumformen wie Fächerspalier, Buschbaum und Zwergbaum werden auf die Süßkirschenunterlagen WeiRoot und GiSelA 5 veredelt. Auf einen Vogelkirschensämling veredelt, werden die Bäume bis zu 10 m hoch.
Es gibt selbstfruchtbare und selbstunfruchtbare Sorten. Für kleine Gärten nehmen Sie besser *selbstfruchtbare Sorten*, wie die in der Tabelle AUF SEITE 151. Man unterscheidet die dunklen Weichselkirschen mit weichem Fruchtfleisch und färbendem Saft, zum Beispiel 'Morellenfeuer', und die weniger bekannten hellroten Amarellen mit farblosem Saft, wie 'Ludwigs Frühe'.

PFLEGEPROGRAMM

Sauerkirschen müssen jährlich geschnitten werden, damit sie jung und ertragreich bleiben. Vor allem die Sorten, die am einjährigen Holz tragen, verkahlen und vergreisen schnell.

KRANKHEITEN UND SCHÄDLINGE

Monilia-Spitzendürre: Kurz nach der Blüte vertrocknen Blüten und Triebspitzen, Blätter bleiben hängen. Besonders anfällig ist die 'Schattenmorelle'. Vorbeugend Krone licht halten, kranke, abgestorbene Pflanzenteile und Fruchtmumien entfernen.
Die Sauerkirsche leidet unter denselben *Krankheiten und Schädlingen* wie ihre nahe Verwandte, die Süßkirsche. Informationen AUF SEITE 102.

ERNTEZEIT

Die Reife wird wie bei den Süßkirschen in Kirschenwochen eingeteilt, die keine exakte Erntezeit angeben, sondern die Reihenfolge, in der die einzelnen Kirschensorten reifen. Die erste Sauerkirschenwoche beginnt meist Ende Mai / Anfang Juni. Eine Kostprobe verrät, ob die Kirschen reif sind: aromatisch und saftig – die ist reif!

Sauerkirschen vom Typ Schattenmorelle werden während der Reife fast schwarzrot. Ihre Früchte sind sehr saftig und ausgeprägt säuerlich, was durch Einwecken noch verstärkt wird.

Geerntet werden sie am besten mit einer Schere und mit Stiel. Sauerkirschen genießt man pur. Sie lassen sich etwa zwei bis drei Tage kühl lagern. Man kann sie entsteinen und einfrieren, trocknen, entsaften oder zu Marmelade verarbeiten. Die Sorten 'Morina' und 'Heimanns Konservenweichsel' eignen sich besonders gut für die Weiterverarbeitung.

SO BLEIBEN SAUERKIRSCHEN ERTRAGREICH

Geschnitten wird gleich nach der Ernte. Tragen die Sorten am einjährigen Holz wie 'Morellenfeuer', ist der Schnitt einfach: Alle abgetragenen Triebe werden auf einen nachwachsenden jungen Trieb oder auf wenige Knospen eingekürzt. Der Einfachheit halber kann man Ernte und Schnitt miteinander verbinden und die vollhängenden Triebe abschneiden und bequem im Sitzen abpflücken.

Andere Sorten tragen auch an zwei- und dreijährigem Holz. Hier wird nach der Ernte wie bei der Süßkirsche nur ausgelichtet.

Die Süßkirsche

Große Süßkirschenbäume (*Prunus avium*) können zwischen 60 und 80 m² Fläche einnehmen! Für kleine Gärten viel zu viel. Zum Glück gibt es mittlerweile Säulenkirschen ('Sylvia') und die schwachwachsenden Unterlagen Weiroot oder GiSelA. Darauf veredelte Bäume bleiben mit etwa 2,50 m relativ klein und können in einem Abstand von 1 m gepflanzt werden. Auch die Erziehung als Fächerspalier spart Platz.

Die Süßkirsche ist eine Diva im Garten, denn sie zeigt sich nur auf lehmhaltigem, aber doch lockerem, tiefgründigem, humosem Boden von ihrer besten Seite. Selbst Höhenlagen und trockenere Böden werden dann akzeptiert. Auf ungeeigneten nassen, kalten, mageren Standorten kränkelt sie und neigt zu Monilia-Spitzendürre und Gummifluss. In regenreichen Gebieten platzen die empfindlichen Früchte.

Man unterscheidet zwischen weichfleischigen Herzkirschen und festeren Knorpelkirschen. Erstere sind meist platzfester. Süßkirschen sind nicht nur dunkelrot. Es gibt auch rote, hellrote, gelbe und gelb-rot gescheckte Sorten. Bis auf ein paar Sorten sind Süßkirschen selbstunfruchtbar, vor allem die alten Sorten (*Ausnahmen*: siehe Tabelle AUF SEITE 152). Sie brauchen mindestens zwei Bäume, um ernten zu können. Und es ist auch nicht leicht, einen passenden Bestäubungspartner zu finden. Denn

Die Süßkirsche 'Schneiders späte Knorpel' ist bereits seit 1850 in Verwendung und nur für warme Standorte geeignet. Ihre sehr großen Früchte sind fast schwarzbraun.

Süßkirschen werden in sogenannte Intersterilitätsgruppen eingeteilt, deren Sorten sich gegenseitig bestäuben können. Fragen Sie daher beim Kauf Ihrer Favoritensorte, welche Bestäubersorten infrage kommen. Vielleicht hat auch Ihr Nachbar eine Süßkirsche? Dann fragen Sie nach dessen Sorte und suchen Sie sich eine passende dazu aus.

PFLEGEPROGRAMM

Die frühe Kirschblüte ist spätfrostgefährdet. Über kleinere Bäume kann man bei Ankündigung einer Frostnacht Vlies hängen. Während der Fruchtentwicklung ist der Wasserbedarf hoch. Wenn im Juni plötzlich viele der grünen Mini-Kirschen rot werden und abfallen, ist das kein Grund zur Sorge. Das ist der Juni-Fruchtfall, auch Röteln genannt. Damit bereinigt sich der Baum selbst, wenn zu viele Früchte an seinen Ästen hängen. Es bleiben noch genügend übrig!

Als hätte jemand mit einem Schrotgewehr auf die Kirschen geschossen und die Blätter durchlöchert. Solch ein Schadbild wird von der Schrotschusskrankheit hervorgerufen.

BESTÄUBER GESUCHT!

Wenn gar kein Platz für eine zweite Sorte ist, können Sie sich mit einem Trick behelfen: Hängen Sie zur Blütezeit einen Eimer mit Wildkirschenzweigen in den Baum. Die Bienen bringen den Pollen dann auf die Blüten. Oder Sie veredeln einige Äste mit einer Sorte aus derselben Intersterilitätsgruppe.

KRANKHEITEN UND SCHÄDLINGE

Schrotschusskrankheit: Auf den Blättern bilden sich rötliche Flecken, deren Gewebe abstirbt und herausfällt. Es entstehen „Schusslöcher“. An den Früchten können ebenfalls Flecken erscheinen. Vorbeugend Krone licht halten, Zweige mit eingesunkenen Stellen beim Winterschnitt entfernen, Schnittwunden behandeln.

Sprühfleckenkrankheit: Auf der Blattoberseite zeigen sich violettrote Flecken, die Blätter vergilben und fallen vorzeitig ab. Vorbeugend Falllaub entfernen, Krone licht halten.

Rindenbrand: Auf den Blättern sind bräunliche, hellgrün umrandete Flecken, die herausfallen. Knospen und Blüten vertrocknen. Früchte sind deformiert, an der Rinde eingesunkene Bereiche mit verstärktem Gummifluss. Vorbeugend Wunden verschließen, befallene Triebe bis ins gesunde Holz zurückschneiden und Pflanzen optimal pflegen.

Kirschfruchtfliege: Während des Farbumschlags von Grün zu Gelb legen die Fliegen ihre Eier bevorzugt an Früchte mittelspäter bis später Süßkirschensorten. Die Larven fressen in der Frucht. Vorbeugend beleimte Gelbtafeln aufhängen, wenn sich die Kirschen von Grün nach Gelb färben, madige Kirschen absammeln, Boden unter der Kirsche im Herbst bearbeiten.

Schwarze Kirschblattwespe: Ihre nacktschneckenähnlichen Larven nagen die Blätter so ab, dass nur die durchsichtige Blatthaut und die Blattadern stehen bleiben, einzelne Larven bzw. stark befallene Blätter entfernen. Bei starkem Befall mit einem Insektizid behandeln.

Monilia-Spitzendürre: Informationen AUF SEITE 100.

Blattläuse: Informationen AUF SEITE 65.

Fruchtmonilia: Informationen AUF SEITE 65.

Frostspanner: Informationen AUF SEITE 64.

ERNTEZEIT

Die Reife wird in Kirschenwochen eingeteilt. Die erste Kirschenwoche beginnt je nach Witterung und Region meist Anfang Mai. Es folgen noch sieben weitere Kirschenwochen, die jeweils etwa 14 Tage dauern. Die Einteilung zu einer Kirschenwoche gibt nicht die exakte Erntezeit an, sondern die Reihenfolge, in der die einzelnen Kirschensorten reifen. Erstes Reife-Indiz ist die Fruchtfärbung, zweites der Geschmack. Sind die Kirschen reif, sollten sie zügig geerntet werden. Süßkirschen vernascht man in erster Linie roh. Sie eignen sich aber auch zum Einfrieren, Entsaften, Trocknen, Marmeladekochen oder Kuchenbacken. Man schneidet sie am besten mit dem Stiel ab, denn beim Pflücken können Früchte und Baum verletzt werden.

SO BLEIBEN SÜSSKIRSCHEN ERTRAGREICH

Süßkirschen brauchen nicht regelmäßig geschnitten zu werden. Wenn nötig wird nach der Ernte ausgelichtet. Die Blüten entwickeln sich vor allem an sogenannten dicht mit Blütenknospen bestückten Bukettrieben entlang der Langtriebe. Mit dem Schnitt sorgt man dafür, dass immer genügend solcher Langtriebe vorhanden sind. Werden Kirschen stark zurückgeschnitten, treiben sie auch sehr stark wieder aus. Das können Sie sich zunutze machen, wenn die Krone zu groß geworden ist oder zu wenig neue, fruchttragende Triebe entstehen.

EIN STAR IM KIRSCHBAUM?

Das ist kein Scherz. Stare sind zwar als Kirschendiebe berüchtigt, doch verteidigt ein im Kirschbaum nistendes Starenpärchen sein Revier im Umkreis von 10 m gegen „fremde“ Stare und andere Eindringlinge. Dass sie hin und wieder auch mal eine Kirsche verspeisen, sollte ihnen dann verziehen werden. Die Brutsaison zieht sich bis in den Juli. Die großen Nistkästen werden in etwa 3 bis 4 m Höhe angebracht und brauchen ein Einflugloch von 45 mm Durchmesser.

SCHLANKE SÜSSKIRSCHEN

Säulenkirschen brauchen regelmäßigen Schnitt, damit sie rank und schlank bleiben. Der Hauptrieb wird ab dem dritten Standjahr auf einen flachen Seitentrieb abgeleitet und der Neuaustrieb danach jährlich auf 2 bis 3 cm zurückgeschnitten.

1

Die Seitentriebe kürzen Sie im Juni auf drei bis vier Knospen ein. Im August wird der Neuaustrieb noch einmal auf ein Blatt zurückgenommen. Enden die kurzen Triebe bereits auf eine Endknospe, wird nicht entspitzt.

2

Ersetzen Sie abgetragene Fruchttriebe durch jüngere, kurze Seitentriebe.

3

Alle Triebe, die nicht mehr der Säulenform entsprechen, entfernen Sie am Ansatz oder nehmen sie auf zwei bis drei Knospen zurück.

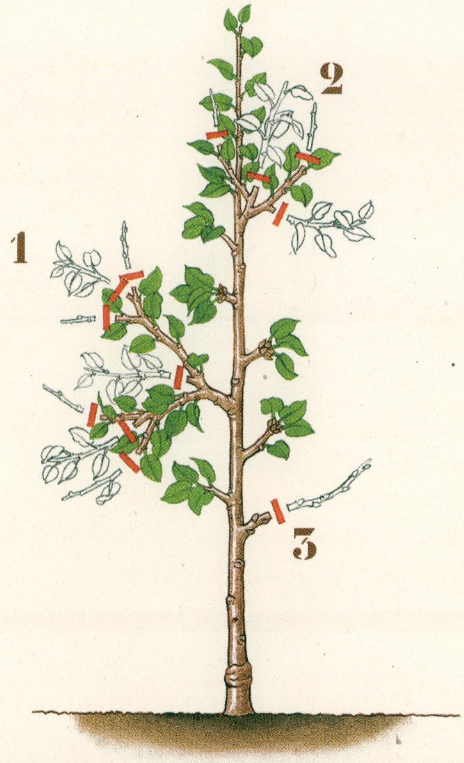

Säulenkirschen haben keinen natürlichen Säulenwuchs wie man ihn bei den Ballerina-Äpfeln kennt. Wie bei einem Spalier kann der schlanke Wuchs nur durch regelmäßigen Schnitt erhalten werden.

Der Pfirsich

Wer lange Freude an seinem Pfirsichbaum (*Prunus persica*) haben möchte, bietet ihm einen geschützten Standort an. Im Weinbauklima fühlt er sich am besten aufgehoben. Er wächst auch auf leichteren Böden, die sollten dann aber locker und warm sein. Dann lohnt er es mit vielen, aromatischen und vor allem reifen Früchten. Seine frühe Blüte im März ist spätfrostgefährdet, was auch die Früchte in Gefahr bringt. Das Holz ist nicht völlig winterhart.
Pfirsiche werden oft als kleiner Buschbaum gehalten und passen so auch in kleine Gärten. Für kleine Baumformen werden die Pfirsiche auf Pflaumenunterlagen veredelt: St. Julien A, St Julien INRA 655/2, Wangenheim WaVit. Es gibt ihn aber auch als Hoch-, Halb- und Niederstamm. Man kann ihn als Fächerspalier an einer warmen Mauer ziehen oder als Zwergpfirsich auf die Terrasse stellen.
Die Pfirsichsorten unterscheiden sich nicht nur in ihrer Reifezeit. Es gibt die besonders edlen Sorten mit weißem Fruchtfleisch, die aromatischen gelben und die wiederentdeckten rotfleischigen Sorten wie den 'Roten Weinbergpfirsich'. Spätreifende Sorten sind meist aromatischer als die frühen Sorten. Kernechte Sorten können sortenecht über Samen vermehrt werden wie der 'Kernechte vom Vorgebirge'. Wählen Sie eine Sorte aus, die widerstandsfähig gegenüber der pilzlichen Kräuselkrankheit ist, die alljährlich im Frühling zuschlägt und vor allem junge Pfirsichbäume auf Dauer schwächt. *Widerstandsfähige Gartensorten* finden Sie in der Tabelle AUF SEITE 152.
Zwei natürliche Mutationen des Pfirsichs sind die glattschalige Nektarine und der flache Plattpfirsich. Plattpfirsiche platzen jedoch oft schon während des Wachstums auf und sind dann anfällig für die Moniliafäule. Für den Garten sind sie daher eher nicht geeignet. Beide Formen sind schon seit Jahrhunderten, wahrscheinlich seit Jahrtausenden bekannt.

Die gelbfleischige Pfirsichsorte 'Pilot' reift ab Mitte August. Ihr Holz ist sehr frostfest und sie ist widerstandsfähig gegenüber der Kräuselkrankheit.

Viele Pfirsichsorten sind anfällig für die Kräuselkrankheit. Der Pilz überwintert in den Knospen und befällt die Blätter beim Austrieb.

PFLEGEPROGRAMM

Junge Bäume brauchen auch in geschützten Lagen einen Winterschutz. Im Frühling können Sie blühende Bäume zum Schutz vor Spätfrostschäden mit einem Vlies bedecken. Spalierbäume schattiert man an sonnigen Winter- und Frühjahrstagen, um einer zu frühen Blüte vorzubeugen. Wichtig für die Frosthärte ist eine gute Kaliumversorgung.
Pfirsiche tragen überreichlich – zu viel, um alle Früchte groß und reif werden zu lassen. Im Juni, wenn die Pfirsiche etwa haselnuss groß sind, heißt es, stark zu sein und die Früchte auszudünnen. Zwischen den einzelnen Früchten sollte ein Abstand von etwa 10 cm sein. Ein Pfirsich braucht etwa 25 bis 30 Blätter, um gut vom Baum ernährt zu werden.

KRANKHEITEN UND SCHÄDLINGE

Kräuselkrankheit: Die Blätter kräuseln sich und zeigen blasenartige, rötliche Wucherungen. Kranke Blätter werden abgeworfen und der Pfirsich treibt erneut aus, die Triebe können aber nicht mehr ausreifen und werden frostanfällig. Weiterhin zeigt sich Gummifluss. Vorbeugend kranke Blätter entfernen, noch geschlossene

Knospen mit einem Fungizid behandeln, resistente bzw. weniger anfällige Sorten verwenden: 'Alexander', 'Amsden', 'Kernechter vom Vorgebirge' und 'Revita'.

Blattläuse: Informationen AUF SEITE 65.

Fruchtmonilia: Informationen AUF SEITE 65.

Schrotschusskrankheit: Informationen AUF SEITE 102.

ERNTEZEIT

Pfirsiche und Nektarinen reifen je nach Sorte ab Anfang August. Geerntet werden nur vollreife Früchte. Die erkennen Sie daran, dass sich der Stiel beim Drehen der Frucht leicht vom Zweig löst.

SO BLEIBEN PFIRSICHE ERTRAGREICH

Pfirsiche tragen am einjährigen Holz. Sie werden deshalb jedes Jahr zurückgeschnitten. Nach der Ernte schneiden Sie etwa drei Viertel der Triebe, die Früchte getragen haben, heraus. Die restlichen werden auf drei Augen gekürzt. Hier bilden sich neue Fruchttriebe sowie Holztriebe, die nur Blätter tragen, und Blütentriebe, die nur Blüten tragen. Letztere werden auch falsche Fruchttriebe genannt. Denn Früchte trägt der Pfirsich nur an den etwa 50 cm langen wahren Fruchttrieben, bei denen rundliche Blütenknospen und spitze Blattknospen nebeneinandersitzen. Im Frühling werden die Unterschiede der Triebarten deutlich. Dann wird auch geschnitten: Das obere Fünftel der wahren Fruchttriebe mit den Blattknospen schneiden Sie ab. Die falschen Fruchttriebe mit den rundlichen Blütenknospen entfernen Sie ganz. Die Blatttriebe bleiben weitestgehend erhalten. Werden sie jedoch nicht für den Kronenaufbau benötigt, entfernt man sie oder nimmt sie auf zwei Knospen zurück.

PFIRSICH SCHNEIDEN

1

Nach der Ernte oder im Winter werden die abgetragenen Triebe zurückgeschnitten und die restlichen Triebe auf 3 Knospen gekürzt.

2

Im Frühling, beim Knospenschwellen, lassen sich die Triebarten gut auseinanderhalten.

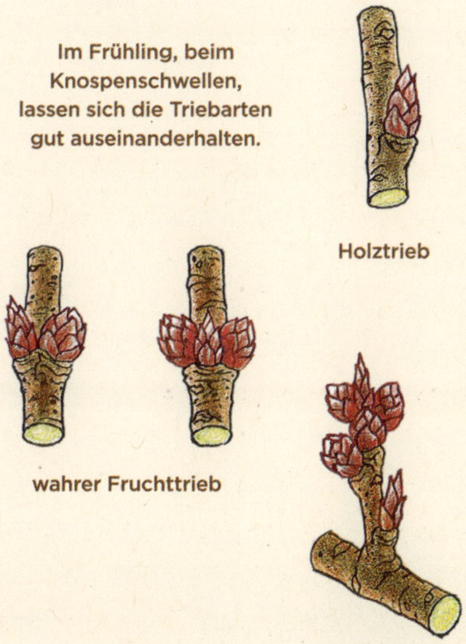

3

Wahre Fruchttriebe werden um ein Fünftel zurückgeschnitten. Kurze Buketttriebe mit Blatt- und Blütenknospen bleiben stehen.

Im Frühling werden Blatttriebe auf 2 Knospen eingekürzt.

WENN SIE NICHT SICHER SIND, OB SIE DIE VERSCHIEDENEN TRIEBARTEN AUSEINANDERHALTEN KÖNNEN, WARTEN SIE, BIS DIE BLÜTENKNOSPEN AUFBRECHEN.

Die Aprikose

Aprikosen (*Prunus armeniaca*) sind fast noch anspruchsvoller als Pfirsiche, wenn es um die Wahl ihres Standortes geht. Sie gedeihen gut auf leichten Sandböden oder gut durchlüfteten Lehmböden, die dennoch ausreichend feucht und nährstoffreich sein sollten. Nasse, kalte Böden machen die Aprikose anfällig für Gummifluss und andere Krankheiten. Ihr Holz ist frostgefährdet, die sehr frühe Blüte in den meisten Lagen spätfrostgefährdet.

Eigentlich könnte man die Aprikose nur in Weinbauregionen erfolgreich anbauen. Zum Glück kann man sich eines Tricks behelfen: An einer sonnigen Südwand herrscht ein warmes Mikroklima, in dem sich die Aprikose auch in weniger günstigen Regionen wohlfühlen kann. Hier können sie als *Fächerspalier* gezogen werden AUF SEITE 107. Wichtig ist es, dass sowohl Unterlage als auch Sorte an den Boden und das jeweilige regionale Klima angepasst sind. Pflaumenunterlagen St. Julien INRA 655/2 sind vor allem bei feuchtem Boden eine gute Wahl, auf leichten und trockenen Böden bevorzugt man Pfirsich- und Aprikosenunterlagen. Fragen Sie in Ihrer örtlichen Obstbaumschule nach geeigneten Sorten und Unterlagen.

Aprikosen wachsen ausladend und brauchen wenigstens einen Pflanzabstand von 3,50 m. Je nach Unterlage werden sie etwa 3 bis 4 m hoch.

Aprikosen sind weitestgehend selbstfruchtbar. Einige Sorten sind nur teilweise selbstfruchtbar, hier gibt es zwar auch Früchte, eine zweite Sorte würde den Ertrag jedoch erhöhen.

PFLEGEPROGRAMM

Beste Pflanzzeit ist im Herbst. In den ersten Jahren wird die Baumscheibe jährlich mit 3 l Kompost gemulcht. Sobald die Aprikosen regelmäßig tragen, bekommen sie jedes Frühjahr organischen oder mineralischen Dünger (80 – 100 g/m² N-K-Dünger). Blühende Bäume sollten bei Spätfrostgefahr mit einem Vlies abgedeckt werden. In manchen Jahren tragen die Aprikosen überreichlich,

Orange mit roten Bäckchen sind die Aprikosen der frühen Sorte 'Orangered'. Sie ist nicht selbstfruchtbar. Geeignete Bestäuber sind u.a. Bergeron und Goldrich.

dann ist es zum Wohl und Aroma der anderen Früchte besser, die noch kleinen Früchte im Juni auf eine Handbreit Abstand auszudünnen. Während der Fruchtentwicklung kann es notwendig sein, alle ein bis zwei Wochen durchdringend zu wässern, damit sich die Früchte gut entwickeln. Achtung auch bei Spalieren, die unter einem Dachüberhang stehen: Hier kommt nicht genügend Regen an!

KRANKHEITEN UND SCHÄDLINGE

Monilia-Spitzendürre: Informationen AUF SEITE 100.
Rindenbrand: Informationen AUF SEITE 102.
Schrotschusskrankheit: Informationen AUF SEITE 102.
Fruchtmonilia: Informationen AUF SEITE 65.
Blattläuse: Informationen AUF SEITE 65.

ERNTEZEIT

Wenn man schon Aprikosen im Garten hat, sollten sie auch voll ausreifen dürfen. Je nach Sorte beginnt die Erntezeit Anfang Juli. Ob die Früchte gepflückt werden können, erkennen Sie an der sortentypischen Farbe, am intensiven Duft und dass sie auf Druck etwas nachgeben. An einem Baum werden die Früchte nicht auf einmal reif, ernten Sie immer nur die reifen. Sind doch mal mehr Aprikosen reif, als Sie verarbeiten können, legen Sie sie in eine Papiertüte. Im Gemüsefach des Kühlschranks halten sie sich so verpackt etwa 3 bis 4 Tage.

SO BLEIBEN APRIKOSEN ERTRAGREICH

Aprikosen haben sehr langlebige Fruchtäste. Darum reicht in den ersten Ertragsjahren ein Auslichtungsschnitt. Die Bäume können jedoch schnell vergreisen. Lässt die Triebleistung spürbar nach, schneiden Sie am besten jedes Jahr, um das Fruchtholz im unteren Kronenbereich zu verjüngen. Dafür nehmen Sie jährlich etwa 20 % des ältesten Fruchtholzes bis auf die unterste Knospe zurück, am besten gleich nach der Ernte. Aprikosen reagieren empfindlich auf Schnittwunden, die während der Vegetationsperiode jedoch gut verheilen können.

EIN APRIKOSENSPALIER ERZIEHEN

FÄCHERSPALIER

An einem Gerüst aus Holzlatten oder Drahtseilen wird der Aprikosenbaum locker als Spalier erzogen. Die Leitäste sollten in etwa 40 cm Stammhöhe ansetzen und etwa 50 bis 70 cm auseinanderliegen. Zu dicht stehende und zu steil wachsende Triebe entfernen Sie. Die Leitäste kürzt man bis zu einer jüngeren Verzweigung leicht ein. Sie dürfen in beide Richtungen des Stammes mindestens 3 m weit wachsen. Wie bei den Aprikosenbäumchen schneidet man jedes Jahr ein Fünftel der Triebe auf die unterste Knospe zurück. Die Fruchttriebe sollten einen Abstand von 10 bis 15 cm untereinander haben. Gerüstäste nehmen Sie auf einen jüngeren Ast zurück.

Auch Sauerkirschen und Pfirsiche können Sie als Fächerspalier erziehen. Da beide bevorzugt am einjährigen Holz blühen, setzt man die abgeernteten Triebe nach der Ernte jedoch auf einen jungen Seitentrieb zurück.

SOLCH EIN FÄCHERSPALIER IST SEHR ÜBERSICHTLICH UND EINFACHER ZU ERZIEHEN ALS DIE U-SPALIERE FÜR ÄPFEL.

FRUCHTSÄFTE SELBER MACHEN

Die heiß oder kalt entsafteten, ungesüßten Säfte sind die Grundlage für aromatische Fruchtweine und köstliche Gelees. Sparen Sie sich Arbeit und lassen Sie größere Fruchtmengen in einer (mobilen) Mosterei entsaften.

DIE FRÜCHTE VORBEREITEN

Egal, ob Kochtopf, Dampfentsafter oder Saftpresse zum Einsatz kommen, die reifen Früchte, vor allem Fallobst, werden gewaschen und gründlich durchgesehen. Braune Stellen oder solche mit Madengängen werden großzügig entfernt. Beeren und Holunder befreien Sie von größeren Stielen. Steinobst wird entsteint. Kernobst wird mit oder ohne Kerngehäuse in etwa 2 cm dicke Stücken geschnitten.

FRÜCHTE AUSKOCHEN

Hier gibt es zwei Varianten: Mit dem Dampfentsafter ist die Saftausbeute zwar höher, für den Einstieg ist jedoch das Entsaften im Kochtopf einfacher. Geben Sie etwa 5 kg vorbereitete Früchte und 1 l Wasser in einen hohen Topf und erwärmen Sie das Ganze langsam bei mittlerer Hitze, bis es sprudelnd kocht. Zarte Beeren kochen etwa 10 Minuten lang, Steinobst 15 Minuten und Kernobst 18 Minuten lang. Je nach Säuregehalt der Früchte und geplanter Weiterverarbeitung können Sie vor dem Kochen Zucker hinzufügen.

SAFT ABSEIHEN

Den Topf vom Herd nehmen und 30 Minuten mit Deckel ruhen lassen. Knoten Sie die Ecken eines 80 × 80 cm großen, mit Essigwasser ausgekochten Mulltuchs an die Beine eines umgedrehten Hockers, sodass ein „Sieb" entsteht. Unter das Tuch stellen Sie eine große Schüssel. Gießen Sie den Saft mit den Fruchtrückständen durch das Mulltuch und lassen Sie ihn etwa 12 bis 24 Stunden ablaufen, bis die Rückstände trocken sind.

SAFT ABFÜLLEN

Das Abfüllen am nächsten Tag erfordert etwas organisatorischen Aufwand: Sie brauchen heiß ausgespülte, noch heiße Flaschen und ebenfalls ausgekochte Deckel. Der Saft wird bei starker Hitze noch einmal schnell zum Kochen gebracht und mit Zucker, Zitronensaft und auf Wunsch Gewürzen abgeschmeckt. Dann füllen Sie ihn kochend heiß in die heißen Flaschen, die Sie sofort verschließen. Abkühlen lassen und etikettieren. Bei 1 bis 18 °C hält sich der Saft etwa ein Jahr lang.

SAFT ALS WEINGRUNDLAGE

Um Wein herzustellen, können Sie die Früchte auch kalt mit einer elektrischen oder einer manuell zu bedienenden Saftpresse herstellen. Der Saft wird mit Weinhefe und Nährsalz in einem Gärballon oder einem Gärfass angesetzt. Sobald keine Gärblasen mehr aufsteigen, wird der Wein in Flaschen oder in ein sauberes Fass umgefüllt. Bei Bedarf können Sie den Wein vorher nachsüßen.

BEERENOBST

Ein Schälchen mit Brombeeren, Heidelbeeren und Himbeeren ist wie eine kleine Vitaminkur.

Süß, süßer, am süßesten – im Sommer beginnt der Wettbewerb der Beerenfrüchte. Erdbeere, Himbeere oder doch Brombeere: Welche ist Ihre Favoritin?

Beerenpflanzen machen überall eine gute Figur: am Zaun zum Nachbarn, als essbare Wegeinfassung oder in großen Töpfen auf der Terrasse. Schon im ersten Jahr tragen sie Früchte, ab dem dritten Jahr legen die Sträucher richtig los. Von einem Johannisbeerstrauch können etwa 10 kg geerntet werden. Mit je vier Roten Johannisbeeren, vier Stachelbeeren und drei Schwarzen Johannisbeeren können Sie gut den eigenen Bedarf decken. Alles darüber hinaus kann und muss konserviert werden, zum Beispiel als Saft, Wein, Kompott oder Marmelade. Erdbeeren bauen ab dem dritten Standjahr schon wieder ab und sollten erneuert werden. Bis dahin können Sie von 1 m² Beetfläche bis zu 1,2 kg Erdbeeren ernten. Jetzt rechnen Sie das mal auf ein Beet hoch! Mit einem Beet voll Garten-Erdbeeren und ein paar Monats-Erdbeeren werden sie autark von langweiligen Supermarkterdbeeren.

Die Erdbeere

Erdbeeren wollen einen vollsonnigen Standort mit humus- und nährstoffreichem Boden. Ihrer staudigen Natur wegen werden sie häufig in Beeten angebaut, die in den Gemüsegarten und dessen Fruchtfolge eingegliedert werden können. Leichter Sandboden sollte unbedingt mit Humus angereichert und im Lauf der Saison bewässert werden. In spätfrostgefährdeten Lagen erfriert meist die frühe Blüte im April. Dann werden die Beete vorsichtshalber mit Vlies abgedeckt. Pro Quadratmeter Fläche kann man mit einer Ernte von etwa 1,2 kg Früchten rechnen. Heutige Erdbeersorten sind selbstfruchtbar, es würde also die Lieblingssorte in einem kleinen Garten reichen, um ernten zu können. Ältere Sorten wie die berühmte 'Mieze Schindler' dagegen brauchen eine Bestäubersorte. Nach spätestens vier Jahren sind die Pflanzen erschöpft und bringen nur noch kleine Früchte hervor. Spätestens dann, besser schon nach zwei Jahren, sollte eine neue Erdbeerfläche mit neuen Jungpflanzen eingeplant werden.

Einmaltragende Garten-Erdbeeren (*Fragaria × ananassa*) reifen je nach Sorte von Juni bis Ende Juli. Die Ernte ist nach wenigen Tagen oder Wochen vorbei. Suchen Sie sich daher Sorten mit aufeinanderfolgenden Reifezeiten aus.

Erdbeeren sind gesunde Kost vom Feinsten: Etwa 120 g der fruchtig-aromatischen Früchte decken bereits den Tagesbedarf an Vitamin C!

Und ergänzen Sie Ihr Sortiment mit mehrmalstragenden Garten-Erdbeeren. Ihre Früchte reifen Mitte Juli, wenn die einmaltragenden Sorten abgeerntet sind. Dafür behilft man sich eines Tricks: Entfernen Sie die ersten Blüten. Lässt man die Blüten dran, gibt es zwei kleinere Ernten: einmal zur klassischen Erdbeerzeit und nochmal ab Mitte August. Sogenannte Wiesen-Erdbeeren (*F. × vescana*) tragen bis in den Herbst hinein Früchte, die etwas größer sind als die der Monats-Erdbeeren. Sie bilden viele Ausläufer, mit denen Flächen begrünt werden können, zum Beispiel unter Sträuchern.

Für Besitzer kleiner Gärten, Terrassen oder Balkone sind Monats-Erdbeeren (*F. vesca* var. *semperflorens*) eine gute Wahl, denn sie liefern von Juni bis Herbst Früchte. Die sind kleiner als die der Garten-Erdbeeren, aber dennoch sehr aromatisch. Sie bilden nur wenige Ausläufer und sind daher gut als Wegeinfassung für Gemüsebeete geeignet.

Hänge-Erdbeeren finden Platz auf kleinstem Raum, zum Beispiel in Blumenampeln oder in Kästen. Die kleinen Früchte wachsen von Juni bis Oktober, sogar an den bis zu 40 cm langen Ausläufern. Ganz ähnlich sind die Kletter-Erdbeeren, deren lange Triebe an Stäben oder Rankgittern angebunden werden.

FRÜCHTCHEN AUS DEM WALD

Die heimische Wald-Erdbeere (*Fragaria vesca*) wächst gern im Halbschatten vor Gehölzen, wo sie sich mit ihren Ausläufern und über Aussaat ausbreitet. Ab Juni können die kleinen, hocharomatischen Früchtchen geerntet werden.

DEN BODEN VORBEREITEN

Lockern Sie den Boden tiefgründig und arbeiten Sie verrotteten Stallmist oder Kompost ein. Markieren Sie Reihen mit 40 cm Abstand. Der Pflanzenabstand liegt zwischen 25 und 30 cm in der Reihe für Garten-Erdbeeren und 15 cm in der Reihe für Monats-Erdbeeren. Erdbeeren werden so gepflanzt, dass sich das Herz mit den jungen Blättchen oberhalb des Bodens befindet, aber nur so weit, dass es nicht zu hoch sitzt. Denn dann trocknet es leicht aus. Wurde die Erdbeere zu tief gepflanzt, faulen die Herzblätter. Nach dem Pflanzen gibt man halbverrottetes Laub oder Nadelstreu, Holzspäne oder Rindenmulch auf die Beete. Etwa vier Wochen nach dem Pflanzen wird noch einmal organisch gedüngt. Mineraldünger vertragen sie zu diesem Zeitpunkt nicht gut.

Der optimale Pflanzzeitpunkt ist Ende Juli / Anfang August. Dann können Sie schon im kommenden Jahr mit einem guten Ertrag rechnen. Denn an den gut eingewurzelten Pflanzen werden im September Blütenknospen angelegt. Je später gepflanzt wird, desto geringer ist der Ertrag im Folgejahr. Im Frühjahr erworbene und gepflanzte einmaltragende Garten-Erdbeeren tragen im ersten Jahr leider nur wenige oder gar keine Früchte. Mehrmalstragende Sorten, Monats-Erdbeeren und Wiesen-Erdbeeren können dagegen auch von Mitte März bis Mai gepflanzt werden, da sie laufend neue Blüten bilden.

PFLEGEPROGRAMM

Der Boden zwischen den Pflanzen wird regelmäßig flach mit einer Unkrauthacke gelockert. Das verhindert Unkrautwuchs. Verteilen Sie Stroh unter den Erdbeerpflanzen, sobald sich die ersten Früchte bilden, damit sie nicht faulen. Dünger verteilt man auf zwei Gaben: Im Frühjahr gibt's 15 g/m² Hornmehl. Nach der Ernte wird Kompost (3 bis 5 l/m²) gestreut, denn die Pflanzen brauchen jetzt Energie für die Blütenbildung. Vorsicht: Zu viel Stickstoff macht die Erdbeeren anfällig für die Grauschimmelfäule. Nach dem Pflanzen und während der Blütenknospenbildung im September sollten Sie zusätzlich gießen. Die Ableger werden bis auf diejenigen, die zur Vermehrung bestimmt sind, entfernt. In sehr strengen Wintern werden die Pflanzen mit etwas Fichtenreisig oder Stroh abgedeckt.

KRANKHEITEN UND SCHÄDLINGE

Um Pilzerkrankungen an Blättern und Früchten vorzubeugen, sollten Sie, wenn möglich, während der Reifezeit nicht wässern, und nach der Ernte das Laub abschneiden und aus dem Beet rechen.

Grauschimmelfäule: An den Früchten erscheinen braune Stellen, die später weich, faulig und von einem grauen Schimmel überzogen sind. Bei feuchtem Wetter breitet sich die Pilzerkrankung rasch aus. Vorbeugend Fruchtmumien und kranke Pflanzenteile entfernen, mäßig Stickstoff düngen, ausreichend Pflanzabstand einhalten und mit Stroh mulchen. Bei feuchtem Wetter und empfindlichen Sorten kann während der Blüte mehrmals ein Fungizid gespritzt werden.

Rot- und Weißfleckenkrankheit: Auf den Blättern bilden sich braunrote Flecken, bei der Weißfleckenkrankheit wird das Zentrum zusätzlich weiß. Vorbeugend befallene Blätter nach der Ernte entfernen, ausreichenden Pflanzabstand einhalten, weniger empfindliche Sorten auswählen, zum Beispiel 'Bogota', 'Elwira' und 'Tenira'.

Rhizomfäule: Sie lässt Erdbeerpflanzen welken und Früchte gummiartig werden. Vorbeugend die Anbaufläche wechseln, kranke Pflanzen entfernen, weniger empfindliche Sorten wählen wie 'Korona' und 'Senga Sengana'.

Nacktschnecken: Sie fressen an den reifen Früchten. Vorbeugend mit Stroh mulchen. Schnecken morgens oder abends absammeln bzw. Schneckenkorn streuen.

Tausendfüßler: Können in manchen Jahren zur Plage werden. Vorbeugend nicht mit Kompost oder Stallmist düngen, mit Stroh mulchen.

ERNTEZEIT

Die frühen Vormittagsstunden sind ideal, um die roten Beeren mit dem grünen Fruchtkelch abzukneifen. Die Früchte einer Sorte werden nach und nach reif, pflücken Sie darum mehrmals durch. Genießen Sie die Früchte gleich im Garten frisch, mit geschlagener Vanillesahne oder Vanilleeis. Überreiche Ernte können Sie zu Saft, Marmelade oder Erdbeeressig verarbeiten. Verkrüppelte Früchte sind ein Zeichen für mangelnde Befruchtung im Frühjahr. Eine zweite Sorte kann den Fruchtansatz verbessern.

ERDBEEREN SELBST VERMEHREN

Die übliche Art, an Erdbeerjungpflanzen zu kommen, ist es, im Sommer Ausläufer zu bewurzeln. Markieren Sie die Erdbeerpflanzen mit einem Etikett, die die schönsten, süßesten oder meisten Früchte tragen und dazu auch vital und gesund sind. Von diesen nehmen Sie die Ausläufer. Die Ausläufer nahe der Mutterpflanze sind besonders kräftig und meistens auch schon bewurzelt. Aber auch die weiter entfernten, kleineren Ausläufer tragen dieselben Eigenschaften in sich. Diese haben oft noch keine Wurzeln. Sie werden in Töpfe gesetzt und bleiben zunächst noch mit der Mutterpflanze verbunden. Pflanzen Sie die bewurzelten Ausläufer Ende Juli / Anfang August ins neue Erdbeerbeet.

Die Erdbeeren bleiben sauber und faulen nicht so schnell, wenn in zwischen die Pflanzen Stroh als Mulch gelegt wird. Nach einer längeren Regenphase wird es erneuert.

Die Johannisbeere

Johannisbeeren stellen kaum Ansprüche an den Boden: Nährstoff- und humusreich soll er sein, nicht zu leicht und nicht staunass. Sie mögen einen sonnigen Standort, bringen aber auch noch im Halbschatten gute Erträge. In Reih' und Glied werden die Roten und Weißen Johannisbeeren (*Ribes rubrum*) in einem Abstand von 1,50 bis 1,80 m gepflanzt. Schwarze Johannisbeeren (*Ribes nigrum*) gehen mehr in die Breite und brauchen einen Abstand von 2 m untereinander. Stämmchen mit einer in 60 bis 120 cm Höhe aufveredelten Krone machen sich recht dünn: Die können Sie in einem Abstand von 1,20 bis 1,30 m zueinander pflanzen. Ein weiterer Vorteil: Die Stämmchen können gut mit Stauden, Kräutern oder Gemüse unterpflanzt werden.

ROTE UND WEISSE JOHANNISBEERE

Beide sind selbstfruchtbar, eine Pflanze reicht meist für einen guten Fruchtansatz aus, eine weitere rote oder weiße Sorte erhöht die Beerenausbeute. Frühblühende Sorten wie die Traditionssorten 'Jonkher van Tets' und 'Weiße Versailler' verlieren bei Spätfrost oft ihre Blüten. *Empfehlenswerte Sorten* finden Sie AUF SEITE 153 im Serviceteil. Weiße Sorten sind milder als die roten Sorten.

SCHWARZE JOHANNISBEERE

Schwarze Johannisbeeren sind vorwiegend selbstfruchtbar. Für einen hohen Fruchtansatz setzen Sie eine zweite Sorte dazu. Aromatische und gegen Säulenrost und Gallmilbe widerstandsfähige Sorten sind zum Beispiel 'Ometa' und 'Silvergieters'. Die extrem johannisbeerig-herben schottischen Sorten 'Ben Alder' und 'Ben Lomond' sind eher für die Verarbeitung geeignet. Die schwarzen Beeren sind wahre Vitamin-C-Bömbchen: satte 170 mg/100 g Frucht. Das ist etwa dreieinhalbmal so viel wie in Zitronen!

PFLEGEPROGRAMM

Die Roten Johannisbeeren werden im Herbst so tief gepflanzt, dass die untersten Triebknospen knapp mit Erde bedeckt sind. Die Schwarzen Johannisbeeren setzt man etwa eine Handbreit tiefer. So können immer reichlich neue Triebe aus dem Wurzelstock nachwachsen, mit der die Pflanze später verjüngt wird. Bereiten Sie das Pflanzloch mit Kompost vor. Sechs gut verteilte, kräftige Triebe bleiben stehen und werden um etwa ein Drittel zurückgeschnitten. Alle übrigen entfernen Sie über dem Boden.
Mulchen Sie Ihre Johannisbeeren. Das schützt die flachstreichenden Wurzeln, versorgt sie nach und nach mit organischem Dünger und schützt den Boden vor dem Austrocknen. Zusätzlich arbeiten Sie im Frühjahr

Süß und hocharomatisch sind die Früchte der Schwarzen Johannisbeersorte 'Ometa'. Sie ist zudem widerstandsfähig gegenüber Johannisbeersäulenrost und Gallmilbe.

Kompost und organischen Volldünger (50 bis 70 g / m²) oder Stickstoffdünger oberflächlich ein. Bei sommerlicher, lang anhaltender Trockenheit wird tiefgründig gegossen. Sobald die roten Früchte ausreifen, werden sie auch zum höchst attraktiven Naschfutter für Singvögel. Hängen Sie darum rechtzeitig ein Vogelnetz so über den Strauch, dass sich kein Vogel im Netz verfangen kann.

Weiße Johannisbeeren enthalten weniger Säure und sind daher milder als die Roten Johannisbeeren. Die Sorte 'Weiße Holländer' reift früh ab Ende Juni.

KRANKHEITEN UND SCHÄDLINGE

Bei Roter und Weißer Johannisbeere werden diese Krankheiten und Schädlinge an den Blättern besonders auffällig:

Blattfallkrankheit: Auf den Blättern erscheinen kleine braunschwarze Flecken, meist im unteren Strauchbereich. Die Blätter vergilben, rollen sich ein und vertrocknen. Der vorzeitige Laubfall schwächt die Pflanzen. Vorbeugend Falllaub aufsammeln, widerstandsfähige Sorten wählen: 'Rovada', 'Rondom' oder 'Roter Holländer'.

Im Frühling wölben sich die Johannisbeerblätter blasig auf. Schuld daran ist die Johannisbeerblasenlaus. Bei sehr starkem Befall bleiben die Sträucher im Wachstum zurück und eine Bekämpfung ist ratsam.

Johannisbeerblasenlaus: Auf den Blättern zeigen sich blasige, teils rötlich gefärbte Aufwölbungen. Darin leben auf der Blattunterseite gelbe Blattläuse. Ab Juni wechseln sie auf *Stachys*-Arten. Einzelne befallene Blätter bis Ende Mai entfernen. Bei jährlich starkem Befall lohnt eine Austriebsspritzung.

Johannisbeerglasflügler: Die Larven des unscheinbaren Schmetterlings höhlen die Triebe aus und bringen sie zum Welken. Vorbeugend regelmäßig zurückschneiden und welke Triebe entfernen.

Bei Schwarzer Johannisbeere sind vor allem diese Krankheiten und Schädlinge ein Ärgernis:

Säulenrost: Im Sommer bilden sich an der Blattunterseite gelbe Pusteln, später bräunlich-gelbe säulchenförmige Sporenlager. Bei starkem Befall trocknen die Blätter ein und fallen vorzeitig ab. Der Rostpilz ist wirtswechselnd mit fünfnadeligen Kiefern (u. a. Weymouths-Kiefer, Zirbel-Kiefer), wo er an den Trieben spindelförmige Wucherungen hervorruft. Vorbeugend fünfnadelige Kiefern in weitem Abstand halten, Falllaub entfernen. Widerstandsfähig sind 'Titania', 'Ometa' und 'Silvergieters'.

Johannisbeergallmilbe: Im Winter fallen dick angeschwollene Knospen auf, die im Frühjahr nur schwach oder gar nicht austreiben. In den Knospengallen leben die Milben. Die Knospengallen im Winter ausbrechen oder ganze Triebe zurückschneiden und entsorgen.

Amerikanischer Stachelbeermehltau: AUF SEITE 116.

Stachelbeerblattwespe: AUF SEITE 116.

ERNTEZEIT

Von Ende Juni bis Ende Juli locken die roten, weißen und schwarzen Beeren. Sie hängen in mehr oder weniger lockeren Trauben zusammen, die relativ gleichmäßig ausreifen und am besten mit einer Schere vom Strauch geschnitten werden. Rote Johannisbeeren schmecken frisch vom Strauch oder mit wenig Zucker. Die leicht säuerlichen Beeren sind eine beliebte Zutat in Baiser-Kuchen oder als Gelee in Linzer Torte. Eine üppige Ernte können Sie entsaften, zu Marmelade oder Gelee kochen, einfrieren oder Wein daraus bereiten. Ob man die herben Schwarzen Johannisbeeren vom Strauch naschen sollte, daran scheiden sich die Geister. Doch eignen sie sich gut als herbe Zutat in Roter Grütze und verarbeitet zu Marmelade oder Likör. Was übrig bleibt, wird eingefroren.

Andenbeere und Ananaskirsche

Andenbeeren (*Physalis peruviana*), auch Kapstachelbeeren genannt, sind unkomplizierte Naschfrüchte für den Spätsommer. Die bis zu 1,50 m hohen Pflanzen wachsen recht schnell. Sie werden wie die verwandten Tomaten angebaut. Jungpflanzen gibt es ab April im Handel oder können ab März auf der warmen Fensterbank vorgezogen werden. Ab Ende Mai kommen sie ins Freie. Eine kleinere, kompaktere Art, für Balkon und Terrasse besser geeignet, ist die gelbfrüchtige Ananaskirsche (*Physalis pruinosa*).

Die Stachelbeere

Stachelbeeren (*Ribes uva-crispa*) können schattiger stehen als Johannisbeeren, etwa im Schatten eines Kleingewächshauses, des Wohnhauses oder im äußeren Kronenbereich eines hohen (Obst-)Baumes. Aber: Direkt unter dem Obstbaum ist es den Sträuchern nicht nur zu schattig, sie können im stark durchwurzelten Bereich auch schlecht Nährstoffe und Wasser aufnehmen. Ihre Ansprüche an den Boden sind höher als die der Johannisbeeren: Er sollte eher feucht und lehmig sein. In einigen Regionen sind die Ende März blühenden Sträucher spätfrostgefährdet und sollten an einen windgeschützten Ort gesetzt werden.

Stachelbeeren sind selbstfruchtbar. Ein Strauch reicht also für eine halbwegs gute Ernte aus. Eine zweite Sorte in der Nähe erhöht jedoch deutlich den Ertrag. Stachel- bzw. dornenlose Sorten vereinfachen Ernte und Pflegearbeiten um einiges. Wählen Sie vor allem mehltauresistente Sorten aus, um den Aufwand an Pflanzenschutzmitteln und den Frust zu reduzieren. Eine *Sortentabelle* mit mehltauresistenten Sorten mit und ohne pieksige Dornen gibt's AUF SEITE 155 im Serviceteil. Die alten, sehr aromatischen Sorten 'Maiherzog' und 'Hönings Früheste' sind leider etwas anfällig für Mehltau.

PFLEGEPROGRAMM

Stachelbeeren werden genauso umsorgt wie *Rote Johannisbeeren* AUF SEITE 113. Sandig-leichte Böden verbessert man vor dem Pflanzen mit Kompost. Wenn ein Strauch viel trägt, sollten Sie ihn noch einmal im Juni düngen.

KRANKHEITEN UND SCHÄDLINGE

Amerikanischer Stachelbeermehltau: Junge Triebe, Blätter und Früchte sind von einem abwischbaren weißen Belag überzogen. Befallene Früchte reifen nicht aus, die Pflanze kümmert. Alle befallenen Triebspitzen und Blätter frühzeitig entfernen. Vorbeugend resistente Sorten pflanzen, nicht stickstoffbetont düngen, Krone auslichten, nicht über die Blätter wässern, mehrmals mit einem Fungizid behandeln.

Stachelbeerblattwespe: Ihre Larven fressen ab Mai zunächst verborgen im Inneren des Strauchs. Die Blätter sind oft bis auf die Blattadern kahlgefressen. Vorbeugend ab April Eigelege und Larven entfernen.

Blattfallkrankheit: AUF SEITE 115, widerstandsfähige Sorten sind 'Rolanda', 'Rixanta' und 'Invicta'.

Die Stachelbeersorte 'Remarka' hat große, dunkelrote, schmackhafte Früchte. Die Sträucher sind resistent gegenüber dem Amerikanischen Stachelbeermehltau.

ERNTEZEIT

Stachelbeeren werden zweimal geerntet. Ab Mai können Sie schon ein Drittel bis die Hälfte der unreifen Früchte als Kuchenbelag ernten. Lassen Sie aber die schönsten Früchte noch hängen. Denn durch diese vorzeitige Ernte werden die restlichen Früchte groß und süß. Je nach Sorte sind sie ab

Ende Juni erntereif. Sie können auch noch einmal eine Zwischenrunde einlegen und halbreife Früchte für Marmelade oder Kompott ernten.

Die Jostabeere

Die Kreuzung aus Schwarzer Johannisbeere und Stachelbeere schmeckt wie eine mildere Version der Schwarzen Johanna und kommt ohne Dornen daher. Zudem ist sie robust, anspruchslos und wächst auf fast jedem Boden. Doch braucht sie einen geschützten Platz, da ihre Blüten spätfrostgefährdet sind. Sie wächst viel kräftiger als ihre Eltern und braucht einen Abstand von etwa 2,50 m. Bis zu 10 kg der großen Beeren kann ein Strauch liefern.

Die Früchte der Jostabeere (Ribes nidigrolaria 'Josta') ähneln denen der Schwarzen Johannisbeeren. Nur die voll ausgereiften, schwarzen Früchte sind aromatisch und erntereif.

ROTE GRÜTZE

Die leckere Beeren-Kombination für heiße Sommertage, serviert mit Vanillesauce, Vanilleeis oder Schlagsahne.

250 g	Himbeeren
250 g	Rote Johannisbeeren
100 g	Schwarze Johannisbeeren
150 g	Heidelbeeren
250 g	Erdbeeren
350 ml	Johannisbeer- oder Kirschsaft
3 EL	Zucker
1 EL	Vanillezucker
30 g	Speisestärke

1

Beeren putzen. Johannisbeeren mit einer Gabel von den Rispen streifen und Erdbeeren vierteln.

2

5 EL vom Saft mit Zucker, Vanillezucker und Speisestärke glatt rühren. Restlichen Saft erhitzen, angerührte Stärke einrühren und 1 Minute kochen lassen.

3

Johannisbeeren und Heidelbeeren zufügen, 1 bis 2 Minuten weiterkochen. Rote Grütze vom Herd nehmen und Himbeeren und Erdbeeren unterheben.

PROBIEREN SIE AUCH GELBE GRÜTZE AUS PFIRSICHEN UND APRIKOSEN ODER GRÜNE GRÜTZE AUS KIWIS, APFEL UND WEISSEM WEIN.

So bleiben Beerensträucher jung

Damit Johannisbeeren und Stachelbeeren lange viel Ertrag bringen, werden sie jedes Jahr nach der Ernte, spätestens vor dem Austrieb ausgelichtet und verjüngt. Rote Johannisbeeren und Stachelbeeren tragen vorwiegend an einjährigen Kurztrieben, die an zwei- bis dreijährigen Trieben entstehen. Schwarze Johannisbeeren und Jostabeeren fruchten nur am einjährigen Holz. Ältere Triebe, erkennbar an der dunklen, meist mit Flechten überzogenen Rinde, tragen weniger und sollten regelmäßig über dem Boden zurückgeschnitten werden. Pro Jahr entfernen Sie demnach zwei bis drei alte Triebe und lassen ebenso viele kräftige Jungtriebe, die aus dem Wurzelstock wachsen, stehen. Sie werden auf vier Knospen eingekürzt. Der Strauch sollte am Ende aus sechs bis acht Trieben bestehen. Alle weiteren Jungtriebe werden entfernt. Achten Sie bei Stachelbeeren auf einen lockeren Kronenaufbau: Das erleichtert die Ernte an den dornigen Sträuchern.

Ideal für kleine Gärten: Die Krone des Stachelbeer-Stämmchens wächst in der zweiten Etage und lässt unter sich viel Platz für Stauden, Kräutern oder Erdbeeren.

Die häufigste Erziehungsform ist der Strauch mit 6 bis 8 gut verteilten Trieben. Jedes Jahr werden die ältesten 3 bis 4 Triebe bodennah zurückgeschnitten.

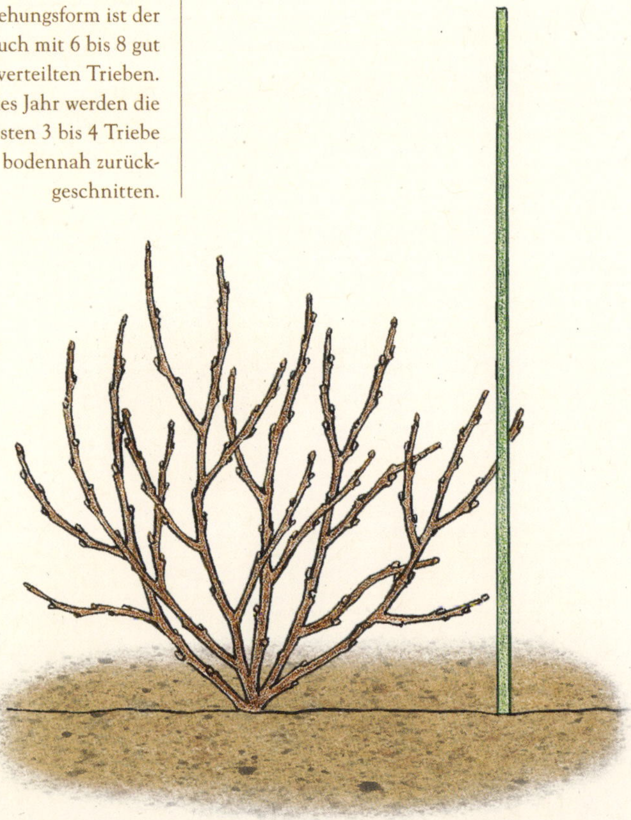

Stämmchen schneiden

Johannisbeeren und Stachelbeeren werden auf die nahverwandte Gold-Johannisbeere (*Ribes aureum*) in verschiedenen Höhen veredelt. Solche veredelten Stämmchen haben meist eine Krone aus fünf bis sechs Leitästen. Diese werden wie bei den Sträuchern nach vier Jahren verjüngt, indem jährlich zwei der alten Triebe auf einen jungen Seitentrieb zurückgenommen werden. Zu dicht stehende Triebe lichten Sie aus. Wildtriebe aus der Stammunterlage und aus der Basis schneiden Sie zurück.

Die schwer mit Früchten beladenen Kronen der Hochstämmchen brechen unter ihrer Last oft an der Veredlungsstelle ab. Stützen Sie die Stämmchen daher mit einer Konstruktion aus drei Pfählen, die im Dreieck um das Hochstämmchen in die Erde geschlagen werden. Oben werden die Pfähle mit Latten verbunden, auf denen sich die Kronentriebe aufstützen können. Schütteln Sie die Kronen auch nach starkem Schneefall ab.

Eine Beerenobsthecke

Eine etablierte Form der Erziehung von Johannis- und Stachelbeersträuchern ist die Obsthecke. Dafür werden dreitriebige Sträucher an einem Drahtspalier erzogen. Eine solche Hecke macht sich schmal, die Fruchtqualität ist hoch und die Früchte lassen sich leicht ernten.

Für das Spalier spannen Sie Drähte in 60, 120 und 170 cm Höhe zwischen Holzpfählen, die etwa 5 m auseinanderstehen. Die Triebe werden später an die Drähte angeheftet. Pflanzen Sie die Sträucher im Abstand von 90 cm und lassen Sie drei kräftige Jungtriebe stehen. Im Herbst kürzen Sie die langen Seitentriebe an den Haupttrieben auf 10 bis 15 cm ein, den Neuzuwachs an der Triebspitze kürzen Sie um die Hälfte ein. So treiben mehr Seitenknospen aus, an denen später dicke Johannisbeertrauben hängen. Wie bei den Sträuchern wird alle drei bis vier Jahre altes Holz an der Basis entfernt und ein Jungtrieb aus dem Wurzelstock als neuer Haupttrieb aufgebaut. Diese Art der Erziehung funktioniert auch mit eintriebig gezogenen Spindeln. Hier beträgt der Pflanzabstand nur 50 cm. Stützen Sie die Triebe mit Bambusstäben.

BEERENSTRÄUCHER

Im Frühling werden 15 bis 20 cm lange, möglichst laublose Steckhölzer von den Johannis- und Stachelbeeren geschnitten. Dann werden sie so tief ins Frühbeet oder in Töpfe mit Komposterde gesteckt, dass nur noch zwei bis drei Knospen herausschauen. Erde gut feucht halten, am besten mit Folie abdecken. Im Herbst können die gut bewurzelten Steckhölzer an ihren endgültigen Standort gepflanzt werden.

Wenn wenig Platz im Garten ist, können die Beerensträucher als schmale Hecke an einem Drahtspalier gezogen werden.

Hoher Ertrag auf kleinem Raum ist mit eintriebigen Johannisbeer- und Stachelbeer-Spindeln möglich. So erzogene Beerensträucher brauchen ein stabiles Gerüst.

Die Heidelbeere

Kultur-Heidelbeeren (*Vaccinium corymbosum*) brauchen einen vollsonnigen Standort, um ihre großen, blau bereiften Beerenfrüchte zu entwickeln. Sie haben besondere Ansprüche an den Boden, der sie von den anderen Obstarten unterscheidet: Sie wünschen einen humosen, lockeren Boden mit einem pH-Wert von 4 bis 5. Ist solch ein Standort nicht vorhanden, passen Sie den Boden an (siehe *Pflegeprogramm*).

Heidelbeeren sind selbstfruchtbar und ein allein stehender Strauch bringt schon gute Ernte. Für einen besseren Fruchtansatz sollte noch wenigstens eine weitere Sorte gepflanzt werden. Von einem Strauch kann man 4 bis 7 kg ernten. Die Pflanzen sind robust und bis auf den sauren Boden recht anspruchslos und pflegeleicht. Mit ein wenig Aufwand für die gut vorbereitete Pflanzgrube kann man sich dieses blaue Früchtchen für viele Jahre in den Garten holen.

PFLEGEPROGRAMM

Das A und O ist hier die Bodenvorbereitung, vor allem dann, wenn der Gartenboden keine saure Bodenreaktion zeigt. Pro Pflanze wird die Pflanzgrube mindestens 1 × 1 m breit und 40 cm tief ausgehoben. Das mag überdimensioniert für einen Strauch erscheinen, doch in einer kleiner bemessenen Grube würden die Feinwurzeln der Heidelbeere in ein paar Jahren im normalen Gartenboden ankommen und dort verkümmern (siehe *Eisenmangel* AUF SEITE 58). Möchten Sie mehrere Pflanzen in ein Beet setzen, heben Sie gleich eine große Pflanzgrube aus. Die Hälfte des Aushubs wird mit Torf oder einem Torfersatzsubstrat vermischt. Ist der Boden im pH-Wert-Bereich 6,5 bis 7,0 wird der Boden komplett ausgetauscht. Die Heidelbeeren pflanzen Sie in einem Abstand von 1,50 bis 2 m zueinander und so tief, wie sie im Topf standen. Für die Topfkultur setzt man die Heidelbeere in Rhododendronerde. Die Sträucher werden mit sauer wirkenden Materialien gemulcht, wie Waldhumus, Laub, Kiefernrinde oder auch

In den ersten Jahren tragen Heidelbeeren nicht viele Früchte. Doch haben sich die Sträucher erst einmal etabliert, liefern sie Jahr für Jahr mehrere Kilogramm der leckeren blauen Beeren.

Die Heidelbeersorte Blue Crop trägt viel und über den ganzen Sommer verteilt. Die Früchte sind aromatisch und sogar platzfest.

Rindenmulch. Das bewirkt zum einen, dass der Boden sauer bleibt, zum anderen, dass die flachliegenden Wurzeln geschützt sind. Gedüngt wird ganz unkompliziert mit einem Rhododendrondünger, denn auch für den Dünger gilt: Er darf nicht basisch wirken. In Trockenphasen wässern Sie zusätzlich mit kalkarmem Wasser, am besten Regenwasser. Heidelbeeren sind robust und haben kaum mit Krankheiten zu kämpfen. Leiden sie unter Eisenmangel, reagieren sie mit gelben Blättern und grünen Blattadern. Bei feuchtem Wetter kann es Probleme mit der *Grauschimmelfäule* geben AUF SEITE 112.

ERNTEZEIT

Die blauen Beeren reifen nacheinander über drei bis vier Wochen ab. Stellen Sie *Sorten* zusammen, die früh, mittel und spät reifen (siehe Tabelle AUF SEITE 155). Sie reifen beginnend ab Mitte Juli bis in den September hinein. So können sie über mehrere Wochen ernten.

Die Blaubeeren sind aromatisch und voll ausgereift, wenn sie auch am Stielende blau gefärbt sind. Die Sorte Pink Lemonade tanzt da etwas aus der Reihe. Ihre rosafarbenen Früchte sind reif, wenn sie fast pink sind. Schützen Sie die Beeren vor hungrigen Vögeln mit einem Vogelschutznetz.

SO BLEIBEN HEIDELBEEREN ERTRAGREICH

Heidelbeeren wachsen langsam und werden erst drei bis fünf Jahre nach dem Pflanzen ausgelichtet: Schneiden Sie abgestorbene, überalterte und zu dicht wachsende Triebe über dem Boden oder über einem Neutrieb zurück. Blüten bilden sich an den Spitzen der Jungtriebe und an kurzen Seitentrieben. Der beste Zeitpunkt für Schnittmaßnahmen ist im Spätwinter.

Mit den vielen, vielen Heidelbeeren können sie nicht nur die klassischen amerikanischen Blueberry-Muffins backen, sondern auch aromatische Konfitüre und Kompott kochen. Letzteres schmeckt übrigens sehr gut über Vanilleeis. Die Früchte ziehen bei der Verarbeitung nur wenig Saft. Pürieren Sie daher einen Teil der Früchte vorher. Probieren Sie die Heidelbeeren auch mal als Topping auf einem bunten, herzhaften Gartensalat.

BLAUE ZÄHNE UND KINDHEITSERINNERUNGEN

Wald-Heidelbeeren (*Vaccinium myrtillus*) sind in unseren Nadelwäldern, Moor- und Heidelandschaften heimisch. Hier finden sie den humosen, sauren Boden, den sie für ihr Wachstum brauchen. Die 10 bis 50 cm niedrigen Sträucher sind stark verzweigt und tragen von Juli bis Ende September Früchte. Die Beeren sind im Gegensatz zu den Kultur-Heidelbeeren kleiner und auch im Innern blauschwarz gefärbt. Gepflegt werden sie wie die Kultur-Heidelbeeren, nur möchten sie einen eher halbschattigen Standort, zum Beispiel als Unterpflanzung für Bäume und hohe Sträucher.

Die Himbeere

Himbeeren (*Rubus idaeus*) wünschen sich ein Plätzchen in halbschattiger bis sonniger Lage, zum Beispiel an einem Zaun. Wenn man Himbeeren in Reihen mit einem Abstand von 40 bis 50 cm pflanzt, werden sie zum raumteilenden Beerenspalier.

Himbeersträucher sind wurzelempfindlich: Wenn ihnen der Boden nicht zusagt, reagieren sie mit schwachem Wuchs und sind krankheitsanfällig. Setzen Sie die Himbeeren daher auf einen mittelschweren, humosen Boden mit einem pH-Wert von 5,5 bis 6. Himbeeren verbreiten sich gern über Ausläufer, die bald in der Nähe der ursprünglichen Pflanzung auftauchen. Sie können gut mit einem Spaten abgestochen und verpflanzt oder verschenkt werden.

Die Himbeeren sind selbstfruchtbar. Mehrere Pflanzen und Sorten erhöhen jedoch den Ertrag, der beachtlich sein kann: 2 kg/m². Man unterscheidet zwischen einmal tragenden Sommerhimbeeren, die ab Juni reifen, und zweimal tragenden Herbsthimbeeren, von denen man im Juni und ab August bis zum Frost ernten kann. Herbsthimbeeren werden auch seltener vom Himbeerkäfer heimgesucht, dessen Larven in den Früchten fressen. *Empfehlenswerte Sorten* finden Sie in der Tabelle AUF SEITE 156.

Ernten Sie Himbeeren mit Fingerspitzengefühl: Nur die wirklich reifen Himbeeren lösen sich leicht vom Strauch und schmecken auch aromatisch und süß.

VERWANDTSCHAFT AUS OSTASIEN

Japanische Weinbeeren (*Rubus phoenicolasius*), die ostasiatischen Verwandten von Himbeere und Brombeere, mögen es wärmer und stehen gern im Halbschatten. Für wintermilde Regionen eine echte Empfehlung, denn ihre himbeerroten, von einem borstig-behaarten Kelch umgebenen Früchte haben ein sehr fein-fruchtiges, leicht säuerliches Aroma. Verwendet werden sie wie Himbeeren. Der Strauch wächst eher brombeerig: Ihre bestachelten Triebe können bis zu 2,50 m lang wachsen und werden an einem Spalier gezogen.

PFLEGEPROGRAMM

Pflanzen Sie die Himbeersträucher so tief, dass die Knospen an der Triebbasis etwa 5 cm hoch mit Erde bedeckt sind. Nach dem Pflanzen kürzen Sie die Triebe, auch Ruten genannt, auf 20 bis 30 cm ein. Mulchen Sie den Boden, um die empfindlichen Wurzeln zu schützen.

KRANKHEITEN UND SCHÄDLINGE

Rutenkrankheit: An den Ruten zeigen sich violettbräunlich gefärbte Flecken, die sich ausdehnen. Befallene Stellen sterben ab, die Ruten welken. Die Flecken färben sich silbrig grau und reißen auf. Vorbeugend auf ausreichend Abstand achten, zu dichte Bestände auslichten, Verletzungen vermeiden. Bei jährlich wiederkehrendem Befall vorbeugend mit Fungiziden behandeln.

Himbeermosaikvirus: Es zeigt sich mit diffusen, gelben Aufhellungen auf den Blättern, Pflanzen kümmern. Kranke Pflanzen aus dem Bestand entfernen.

Grauschimmelfäule: AUF SEITE 112.

Himbeerrost: siehe *Brombeerrost* AUF SEITE 124.

ERNTEZEIT

Ernten Sie die frühen Himbeersorten ab Juni. Die Früchte reifen nacheinander ab. Darum pflückt man etwa alle zwei bis drei Tage durch und erntet immer nur die Früchte, die sich leicht lösen lassen. Bei heißem Sommerwetter besser täglich durchpflücken. Das hilft auch zur Vorbeugung gegen die *Kirschessigfliege* AUF SEITE 63. Äußerlich intakte, jedoch seltsam schmeckende Früchte wurden von Wanzen besucht, die ihre „Stinksubstanz" zurückgelassen haben.

SO BLEIBEN HIMBEEREN ERTRAGREICH

Sommerhimbeeren tragen an den vorjährigen Trieben, Herbsthimbeeren vor allem an den diesjährigen Trieben. Schneiden Sie die abgeernteten Triebe bei beiden über dem Boden ab und lassen Sie acht bis zwölf gesunde, kräftige Jungtriebe pro laufenden Meter stehen. Alle anderen werden über dem Boden abgeschnitten. Möchte Sie zweimal von den Herbsthimbeeren ernten, lassen Sie etwa ein Drittel der diesjährigen Triebe stehen und kürzen sie um ein Drittel. Diese Ruten treiben im kommenden Jahr noch einmal Blüten und tragen im Juni die erste Runde Früchte. So können Sie von Herbsthimbeeren über einen längeren Zeitraum ernten.

HIMBEEREN AN EINEM SPALIER PLATZSPAREND ERZIEHEN

An einem Drahtspalier können Sie Himbeeren in einer Reihe anbauen. Dafür stellen Sie zwei Holzpfähle im Abstand von 5 m auf und spannen dazwischen Drähte in 0,70 und 1,40 m Höhe. Pro laufenden Meter Spalier heften Sie acht Fruchtruten an die Drähte. Für niedrig wachsende Herbsthimbeeren wie ‘Korbfüller’, ‘Autumn Bliss’ und ‘Aroma Queen’ können Sie ein etwa 60 cm breites Beet vorbereiten. In die vier Ecken werden Pfosten geschlagen und in 70 cm Höhe ein weitmaschiges Drahtgeflecht gespannt. Die Ruten wachsen durch das Geflecht und werden so aufrecht gehalten. Die Höhe des Drahtgeflechtes passen Sie an, während die Ruten wachsen. Pro Quadratmeter Beetfläche rechnet man mit sechs bis acht Pflanzen.

HIMBEEREN SCHNEIDEN

Von Herbsthimbeeren können Sie zweimal ernten, wenn Sie so schneiden.

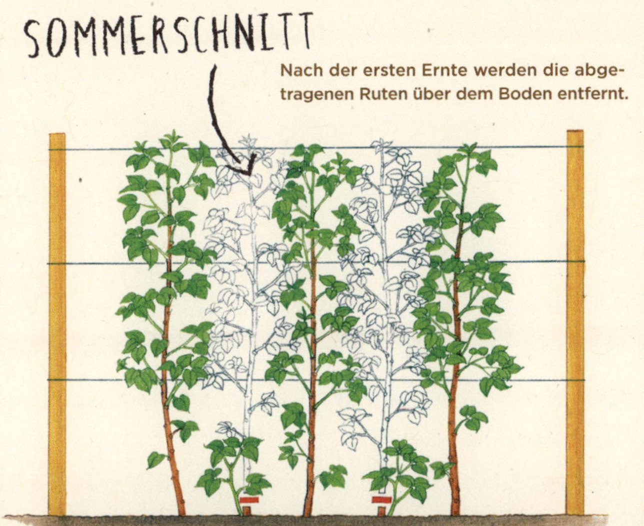

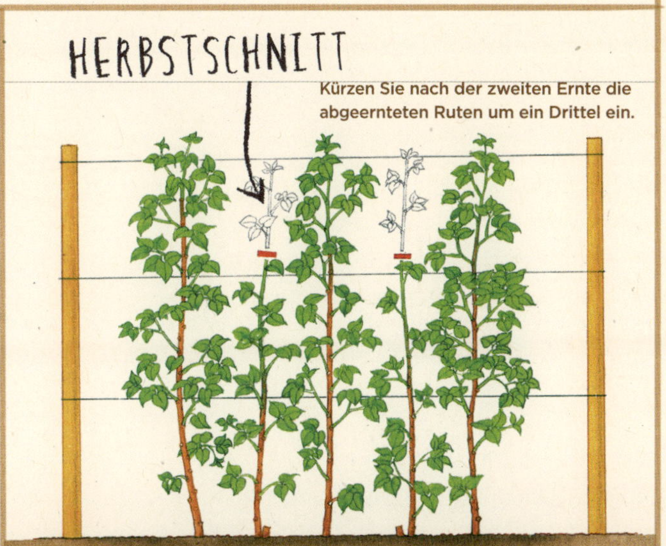

WENN SIE MEHR ERNTEN MÖCHTEN, SCHNEIDEN SIE DIE ABGEERNTETEN RUTEN IM HERBST KOMPLETT ÜBER DEM BODEN ZURÜCK.

Die Brombeere

Wie die Johannisbeeren sind Brombeeren (*Rubus fruticosus*) sehr anspruchslos. Geben Sie den wild wachsenden Brombeeren Raum an einem sonnigen Platz mit leichtem Boden, wo andere Beerensträucher nicht wachsen und lassen sie ein kontrolliertes Brombeerdickicht entstehen, oder bändigen Sie die Brombeeren an einem Spalier. Der Standort sollte möglichst frostgeschützt sein, denn die immergrünen Triebe und Blätter der Brombeeren frieren bei starken Frösten zurück. Stellen Sie die Brombeeren darum in Höhenlagen über 600 m an eine sonnige, geschützte Hauswand. Brombeeren sind sehr starkwüchsig und brauchen viel Platz. Stachelige Sorten setzt man in einem Abstand von 3,50 m, stachellose Sorten mit 2,50 m Abstand und aufrecht wachsende, nicht rankende Sorten mit 50 bis 80 cm Abstand. Letztere sind auch gut für die Kultur im Kübel geeignet.

Brombeeren sind selbstfruchtbar, eine Pflanze genügt also für einen guten Ertrag von etwa 3 bis 4 kg je Meter Pflanzreihe.

Das unbändige Wachstum verlangt zusätzliche Schnitttermine im Sommer, um das Wachstum etwas einzudämmen. Sonst übernehmen die Brombeeren bald Ihren Garten. Setzen Sie die Pflanzen besser nicht an die Gartengrenze, denn nicht nur ihre Stacheln sind ein Graus, sondern Triebe, die auf dem Boden aufliegen, bewurzeln sich rasch und bedrängen dann Ihren Nachbarn!

Die stachellose Brombeere 'Loch Ness' rankt nicht so stark und kann platzsparend als Fächer gezogen werden. Ihre fast schwarzen Früchte sind sehr aromatisch.

Bleiben Teilfrüchtchen rot, ist die Brombeergallmilbe Schuld. Ist ein Teil der Brombeerfrucht dagegen weiß gefärbt, wurde sie von der Sonne verbrannt und vertrocknet.

PFLEGEPROGRAMM

Die frostempfindlichen Brombeeren werden besser im Frühjahr gepflanzt. Setzen Sie die Pflanzen so tief, dass die bodennahen Knospen wie bei den Himbeeren etwa 5 cm mit Erde bedeckt sind. Im Frühjahr wird organisch gedüngt, das Jahr über gemulcht und im Sommer, wenn die Früchte reifen, während langer Trockenperioden durchdringend gewässert. Legen Sie die Ranken von einem Spalier im Winter auf dem Boden ab. Sie werden zum Schutz vor Winterfrösten mit Stroh bedeckt.

KRANKHEITEN UND SCHÄDLINGE

Brombeergallmilbe: Früchte bleiben stellenweise rot und reifen nicht aus. Die gesamte Frucht ist sauer. Die Milben saugen zwischen den Teilfrüchten. Vorbeugend befallene Früchte spätestens im September entfernen. Wenn nahezu alle Brombeeren betroffen sind, ist im Frühjahr eine Behandlung mit Akariziden möglich.

Brombeerrost: Auf der Blattoberseite erscheinen rote bis violette Flecken und auf der Unterseite entwickeln sich orange-braune, später schwarze Sporenlager. Bei starkem Befall fallen die Blätter vorzeitig ab. Vorbeugend sollten erste befallene Blätter und Falllaub entfernt werden.

Rutenkrankheit: AUF SEITE 122.

Kirschessigfliege: AUF SEITE 65.

ERNTEZEIT

Lassen Sie den Brombeeren Zeit! Sie sind noch lange nicht aromatisch, wenn sie sich gerade dunkel färben. Sind die Beeren wirklich reif, dann haben sie einen matten Schimmer, die Ansatzstelle am Fruchtboden ist bläulich gefärbt und sie lassen sich ganz leicht davon lösen.

SO BLEIBEN BROMBEEREN ERTRAGREICH

Schneiden Sie abgetragene Ruten nach der Ernte oder im Winter über dem Boden ab. Vier bis acht Ruten pro Meter bleiben stehen. Im Sommer gibt's noch einen zusätzlichen Schnitt, um die Brombeeren in Zaum zu halten. Denn die Jungruten wachsen sehr stark und belagern Wege und Beete. Kürzen Sie 30 cm lange Seitentriebe auf zwei bis vier Blätter ein.

Im Sommer halten Sie die Brombeerranken in Zaum, indem Sie die Geiztriebe auf zwei bis vier Blätter zurückschneiden. Hier entwickeln sich im kommenden Jahr die Früchte.

BROMBEEREN BÄNDIGEN

Wie stark Brombeeren wachsen, hängt von der Sorte ab. Drahtspaliere haben sich als gute Brombeerhecken-Bändiger herausgestellt. Rammen Sie 10 cm starke Holzpfähle in 5 m Abstand zueinander in den Boden, sodass sie 2 m in die Höhe reichen. Zwischen ihnen werden drei Drähte in verschiedenen Höhen gespannt: in 80, 140 und 200 cm. Stark wachsende, ältere Sorten (zum Beispiel 'Theodor Reimers', 'Thornfree', 'Black Satin', 'Jumbo') bilden lange Ruten aus, die horizontal an Drähten befestigt werden. Die tragenden Ruten werden an den unteren beiden Drähten befestigt, die jungen, diesjährigen Ruten wachsen entweder frei oder werden am obersten Draht angeheftet. Der Abstand zwischen den Pflanzen beträgt 4 m. Aufrecht wachsende Sorten wie 'Navaho', 'Loch Ness' oder 'Choktav' mit straff aufrecht wachsenden Ruten werden eher als Fächer erzogen. Befestigen Sie drei bis fünf Ruten pro laufenden Meter an den Drähten und schneiden Sie die Ruten über dem obersten Draht ab.

Stark wachsende Brombeersorten können auch nach diesem Vorbild am Spalier gezogen werden: rechts die tragenden Ruten, links die neuen Ruten.

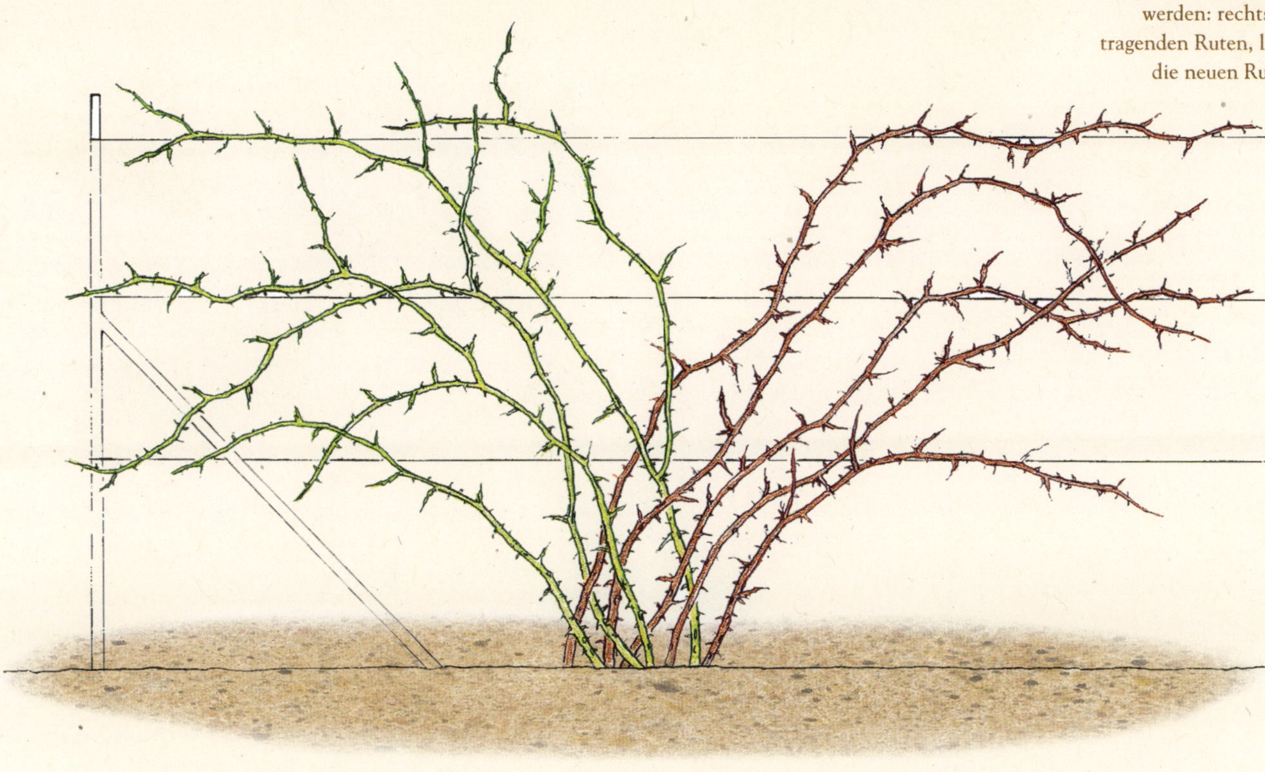

FRUCHTIGE MARMELADEN

Fruchtaufstriche, Gelees und Marmeladen fangen die Aromen des Sommers ein. Je weniger Zucker enthalten ist, desto schneller sollten sie verputzt werden.

FRÜCHTE VORBEREITEN

Verwenden Sie nur reife, einwandfreie Früchte. Kleine Beerenfrüchte werden entstielt, Erdbeeren in Stücke geschnitten und Steinobst entsteint. Wiegen Sie die geputzten Früchte ab, vermengen sie mit Gelierzucker und lassen Sie den Mix ein paar Stunden ziehen. Die Marmelade wird dann stückiger. Auf 1 kg Früchte kommt in der Regel 1 kg Gelierzucker. Weniger Zucker und mehr Früchte gibt es bei den Gelierzuckern 1:2 und 1:3. Ein wenig Zitronensaft schließt das in den Früchten enthaltene Pektin auf.

MARMELADE ZUBEREITEN

Erhitzen Sie die Frucht-Zucker-Mischung in einem hohen Topf auf höchster Stufe, bis sie sprudelnd kocht. Lassen Sie die Marmelade nach Packungsanweisung des Gelierzuckers 2 bis 4 Minuten kochen. Dabei immer umrühren. Zum Ende der Kochzeit machen Sie die Gelierprobe: Auf einen kalten Teller wird ein Tropfen Marmelade gekleckst. Formt er sich rund und verläuft nicht mehr, ist die Marmelade fertig und wird sofort in heiß ausgespülte Gläser abgefüllt und verschlossen. Stellen Sie die Gläser noch heiß auf den Kopf.

KALT GERÜHRTE MARMELADE

Weiches Sommerobst, wie Erdbeeren, Himbeeren und Kirschen, lässt sich auf die Schnelle in einen Fruchtaufstrich verwandeln. Dafür pürieren Sie etwa 200 g vorbereitete Früchte, 200 g Zucker (zum Beispiel ein spezieller Gelierzucker ohne Kochen) und ein Spritzer Zitronensaft in einem Mixer knapp eine Minute lang. Die Marmelade wird in ein Glas gefüllt und im Kühlschrank gelagert. Hier hält sie sich etwa 14 Tage, wenn sie nicht schon nach dem Frühstück alle ist.

REZEPT: ERDBEER-RHABARBER-MARMELADE

Für eine fruchtige Marmelade mit leichtem Säurekick mischen Sie Erdbeeren und Rhabarber im Verhältnis 2:1. Schneiden Sie 300 g Rhabarber in etwa 1 cm große Stücke. 700 g geputzte Erdbeeren werden in dicke Scheiben geschnitten. Beides mit 1 kg Gelierzucker 1:1 mischen und ziehen lassen. Die Marmeladenmasse nach Packungsanweisung aufkochen und in vorbereitete Gläser geben. Wenn Sie möchten, können Sie die Früchte vor dem Kochen mit Vanilleextrakt, Orangenschalen oder geriebenem Ingwer aromatisieren. Ergibt etwa 7 Gläser à 250 ml.

REZEPT: BIRNENMARMELADE

Ein Hauch von Herbst umweht diese weiche Birnenmarmelade. Etwa 600 g reife Birnen schälen, entkernen und in sehr kleine Würfel schneiden. Wiegen Sie davon etwa 500 g ab und mischen Sie es mit 500 g Gelierzucker 1:1. ½ TL Zimt und eine Messerspitze gemahlene Gewürznelke geben der Birne eine würzige Note. Kochen Sie die Mischung nach sprudelnd auf und lassen Sie sie nach Packungsanweisung kochen. Zum Ende der Kochzeit können Sie noch ein Gläschen Birnenbrand (etwa 4 cl) unterrühren und die Marmelade heiß in vorbereitete Gläser füllen. Ergibt etwa 7 Gläser à 250 ml.

WEIN UND KIWI

Vor 8000 Jahren wurde im Südkaukasus und in Sumer das erste Mal Wein zum keltern angebaut.

Beide erobern im Nu kahle Wände und tragen ab dem Spätsommer viele süße Weintrauben und exotisch anmutende Kiwis.

So exotisch wie vermutet, sind Kiwis aus dem eigenen Garten gar nicht. Die Kletterpflanzen kommen mit unserem mitteleuropäischen Klima gut klar. Die großfrüchtigen Kiwis ziehen allerdings Weinbauregionen vor, die kleineren Kiwi-Beeren dagegen wachsen fast überall. Ähnlich wie robuste Weinreben, denen man nur ein warmes, geschütztes Plätzchen bieten muss. Beide Obstarten sind Kletterpflanzen und werden meist an einem Gerüst aus Holz, Metall oder Drahtseilen gezogen, etwa platzsparend an einer südlichen oder südwestlichen Hauswand. Planen Sie von Anfang an ein stabiles Gerüst, das unter dem Gewicht der Pflanzen nicht zusammenbricht. Weinreben können auch ganz ohne Spalier erzogen werden: Als einarmiger Kordon ähneln sie einem Säulenapfel und brauchen dann wie dieser nur einen Stab als Stütze.

Der Wein

Weinreben (*Vitis vinifera*) haben ein ausgesprochenes Wärmebedürfnis. Darum werden sie windgeschützt an der Süd- oder Südwestseite des Hauses oder einer Mauer platziert. Denn die steinernen Wände speichern tagsüber die Sonnenwärme und geben sie nachts wieder ab. Dieses Kleinklima kommt den Weinreben vor allem in Regionen außerhalb der wintermilden Weinbaugebiete zu Gute. An den Boden stellt der Wein nur wenig Ansprüche. Ideal sind lehmige, tiefgründige und sich schnell erwärmende Böden.

Weinreben sind selbstfruchtbar. Es reicht also eine Sorte aus, um ernten zu können. Gehen Sie im Herbst in Rebschulen und Baumschulen, probieren Sie sich durch und wählen Sie dann eine schmackhafte Sorte aus. Die meisten für den Hausgarten empfohlenen *Sorten* sind widerstandsfähig gegenüber Pilzkrankheiten (siehe Tabelle AUF SEITE 157). Für kühle Regionen und Höhenlagen eignen sich früh reifende, frostharte Sorten wie die blaue 'Mitschurinski' und die hellfrüchtigen 'Olimpiada' und 'Himrod'.

Die Weinsorte 'Muscat bleu', in den 30er Jahren gezüchtet, reift früh und hat Muskataroma. Im Herbst färbt sich ihr Laub sattgelb. In den Schalen blauer Sorten steckt viel gesundes Anthocyan.

Die neue US-amerikanische Weißweinsorte 'Lakemont' hat nur eine dünne Schale und wenige bis keine störenden Kerne. Sie reift mittelfrüh ab Mitte September.

PFLEGEPROGRAMM

Gepflanzt wird im Frühjahr. Containerpflanzen können Sie noch bis zum Sommer setzen. Legen Sie die Pflanzgrube soweit von der Hauswand oder Mauer entfernt an, dass der mittig gesetzte Wurzelballen etwa 40 cm weit von der Wand weg ist. Die Pflanzgrube wird etwa 40 cm tief und 1 m^2 groß ausgehoben. Lockern Sie den Grubenboden noch einmal 20 cm tief, ohne ihn dabei umzugraben. Dann geben Sie kohlensauren Kalk oder – wenn vorhanden – alten, lockeren Bauschutt in die Grube. Das sorgt zum einen dafür, dass der kalkliebende Wein ausreichend mit Kalk versorgt wird, zum anderen dass Wasser gut ablaufen kann. Pflanzen Sie die Rebe etwas schräg zur Kletterhilfe ins Pflanzloch und so tief, dass die Veredlungsstelle gerade noch etwa 5 cm über dem Boden zu sehen ist. Der Pflanzenabstand für ein Spalier beträgt etwa 1,50 m. Kürzen Sie den Haupttrieb nach dem Pflanzen nicht ein, sondern binden Sie ihn laufend an einem Stab an. Überzählige Triebe schneiden Sie weg. In den folgenden Jahren werden die Weintriebe auf der gewünschten Höhe waagerecht gebogen und angebunden (siehe auch *Verrier-Palmette* AUF SEITE 97). An diesen sogenannten waagerechten Kordonen wachsen die fruchttragenden Triebe, an denen im Winter der Zapfen- oder Bogenschnitt durchgeführt wird.

Im Pflanzjahr darf die Weinrebe nicht austrocknen. Gießen Sie bei Trockenheit, vor allem dann, wenn der Wein unter einem Dachüberstand gepflanzt wurde. Im Frühjahr wird mit Kompost gedüngt. In kalten Lagen legt man dort, wo die Veredlungsstelle liegt, einen Winterschutz an.

An jedem Seitentrieb wächst eine Traube. Nicht alle Trauben, die sich entwickeln, sollten an der Rebe bleiben. Die schwächeren werden zugunsten anderer Trauben rechtzeitig weggeschnitten. Schützen Sie reifende Trauben mit Butterbrotbeuteln oder Gazebeutelchen vor hungrigen Vögeln und Wespen.

KRANKHEITEN UND SCHÄDLINGE

Echter Mehltau: Blätter, Triebe und Früchte sind von einem weißen, abwischbaren Belag überzogen. Die Früchte sind nicht verwertbar. Vorbeugend beim Rebschnitt auf lockere Weinstöcke achten und widerstandsfähige Sorten wählen. Kranke Austriebe im Frühjahr entfernen. Bei jährlich wiederkehrendem Befall mehrmals ein Fungizid anwenden.

Falscher Mehltau: Auf den bodennahen Blättern erscheinen ölige Flecken, auf der Blattunterseite entwickelt sich ein grauer Schimmel. Auch Blüten, Triebe, Trauben und einzelne Früchte können befallen werden. Vorbeugend beim Rebschnitt auf lockere Weinstöcke achten und widerstandsfähige Sorten wählen. Kranke Pflanzenteile entfernen. Bei jährlich wiederkehrendem Befall mehrmals ein Fungizid anwenden.

EIN STABILES GERÜST

Die Pflanzen am Spalier haben ein beträchtliches Eigengewicht von etwa 30 bis 40 kg pro laufenden Meter. Wenn dann noch ein Sturm an den Ästen zerrt, können bis zu 150 kg Last auf die Halterungen drücken. Verankern Sie darum das Gerüst sehr sicher an den tragenden Gebäudeteilen. Profis unterstützen bei der Fassadenbegrünung. Ein Zwischenraum von 10 bis 15 cm zwischen Wand und Gerüst lässt die Luft gut zirkulieren und Pilzkrankheiten haben keine Chance. Behalten Sie beim Planen auch den Abstand zu Fenstern, Türen und Hauskanten im Blick, der etwa 25 cm betragen sollte. Das Holz fürs Spalier sollte druckimprägniert sein oder mit einem Anstrich wetterfest gemacht werden. Holz- und Metallspaliere sind zwar sehr dekorativ, vor allem im laublosen Winter, doch sind sie ganz schön schwer. Seilsysteme aus Draht- oder Stahlseilen sind um einiges leichter.

Traubenwickler: Die Raupen der ersten Generation fressen an Blüten und verspinnen sie. Die zweite Generation bohrt sich in die Früchte ein, die bald faulen. Vorbeugend beim Winterschnitt auf Gespinste in Rindenritzen und an Stützpfählen achten und entfernen, Raupengespinste an den Blüten ausschneiden bzw. befallene Beeren entfernen.

Grauschimmel: Informationen AUF SEITE 112.

ERNTEZEIT

Früheste Sorten werden in Weinbauregionen ab Mitte August reif. Die meisten Sorten reifen im September und Oktober. Von einem Weinstock können Sie 7 bis 10 kg Früchte ernten. Tafeltrauben vernaschen Sie frisch oder verarbeiten sie zu Saft und Traubengelee. Aus Keltertraubensorten können Sie auch eigenen Wein herstellen. Die helle Sorte 'Himrod' eignet sich gut zum Trocknen.

In kühleren Regionen können Sie den Wein an einer nach Süden ausgerichteten Hauswand oder Mauer ziehen und so das wärmere Mikroklima vor der Mauer nutzen.

SO BLEIBEN WEINREBEN ERTRAGREICH

Im Spätwinter und Sommer setzt man die Schere an. Im Winter schneiden Sie alle zweijährigen Ruten auf zwei Knospen zurück. Denn die Trauben entstehen an den sich aus diesen beiden Knospen entwickelnden Jungtrieben. Je nach Wüchsigkeit der Sorten schneidet man die Reben als Bogen oder auf Zapfen. Den Bogenschnitt wendet man vor allem bei weniger fruchtbaren Sorten an, zum Beispiel 'Dornfelder', 'Regent' und 'Phoenix'. Die meisten anderen Sorten werden auf Zapfen geschnitten. Führen Sie den Winterschnitt spätestens im März/April vor dem Austrieb durch. Wird während des Austriebs geschnitten, „blutet" die Weinrebe. Das ist zwar nicht schön, schadet der Pflanze jedoch nicht.

Im Sommer wächst der Wein unermüdlich. Doch machen die vielen Blätter das Spalier unübersichtlich und beschatten die Trauben. Schneiden Sie darum die langen Jungtriebe soweit zurück, dass über jeder Traube zwei Blätter stehen bleiben. Der Schnitt wird etwa 2 cm über dem Blatt geführt, damit die Knospen nicht austrocknen. Außerdem werden alle Triebe, die keine Trauben angesetzt haben, entfernt.

WINTERSCHNITT AN WEINREBEN

ZAPFENSCHNITT

Die einjährigen Triebe werden auf 2 Knospen zurückgeschnitten – ein Zapfen bleibt stehen. Die Zapfen dürfen nicht zu dicht nebeneinander stehen. Pro Pflanze lässt man darum nur 6 bis 8 dieser Zapfen in einem Abstand von je 30 Zentimeter zueinander stehen. Die aus den Knospen treibenden Ruten werden senkrecht angeheftet. Das abgebildete Weinspalier wurde als zweietagiger Kordon erzogen. Die Reben auf der unteren Etage kürzt man so ein, dass sie die zweite nicht überwachsen.

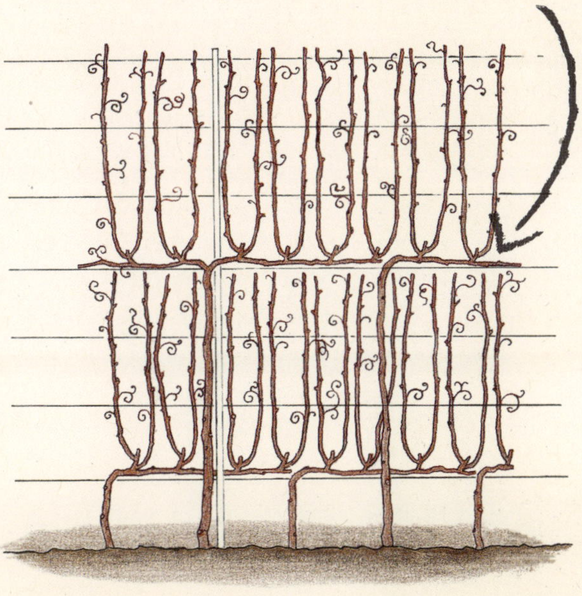

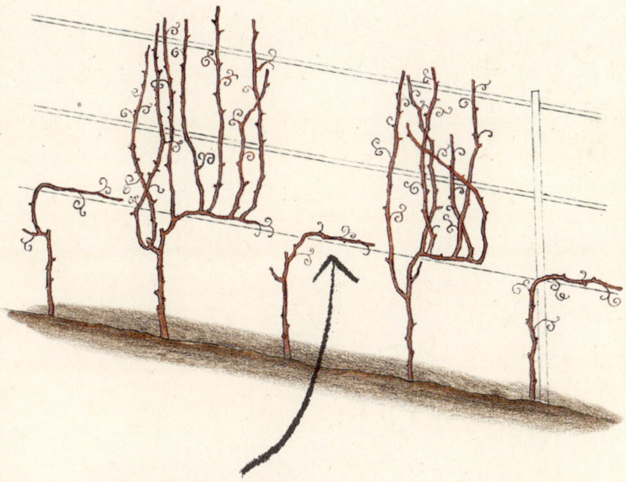

BOGENSCHNITT

Die Einjahrestriebe werden waagerecht gezogen und auf etwa 80 Zentimeter gekürzt. Es entsteht ein Bogen, auf dessen Oberseite 6 bis 8 Knospen stehen bleiben. Daraus wachsen die fruchttragenden Triebe. Knospen auf der Unterseite werden möglichst entfernt. Nach der Ernte wird der gesamte Bogen an der Basis zurückgeschnitten.

WEIN ALS SICHTSCHUTZ: ZIEHEN SIE DIE WEINSTÖCKE DAFÜR AN EINEM FREISTEHENDEN SPALIER.

Die Kiwi

Die Chinesische Kiwi (*Actinidia deliciosa*), deren braun behaarte Früchte wir vom Obststand kennen, gedeiht nur im Weinbauklima gut. Sie mag zudem einen humosen, tiefgründigen, mittelschweren, leicht sauren Boden. In strengen Wintern friert sie oft zurück. Die großen Früchte reifen erst sehr spät im November aus. Deutlich winterhärter und damit auch für weniger milde Regionen geeignet sind die sogenannten Mini-Kiwis der Arten *Actinidia arguta*, *A. melanandra*, *A. kolomikta* und *A. purpurea*. Ihre kleineren Früchte sind unbehaart, deutlich süßer und können schon ab August mit Schale genascht werden. Sie können die Schlingpflanzen an einem freistehenden Spalier bzw. einer Pergola ziehen. Die Chinesische Kiwi setzen Sie besser an eine Hauswand oder Mauer. Die Pflanzen können sehr schwer werden. Darum sollte das Gerüst sehr stabil sein.

Kiwis sind zweihäusig: Es gibt männliche und weibliche Pflanzen, die als Pärchen in den Garten einziehen sollten. Möchten Sie viele Kiwis anbauen, können Sie mit einem Männchen sechs bis sieben weibliche Pflanzen befruchten. Einige der als selbstfruchtbar verkauften Sorten wie 'Solo' und 'Jenny' setzen auch ohne Bestäubung Früchte an. Die bleiben dann jedoch kleiner. Bestäubung verbessert den Fruchtansatz und bringt größere Früchte. Für kleine Gärten, in denen nur eine Kiwipflanze Platz hat, können die selbstfruchtbaren Sorten jedoch eine Lösung sein.

PFLEGEPROGRAMM

Pflanzen Sie Kiwis am besten im Frühjahr. Planen Sie für die wüchsigen Schlingpflanzen einen Abstand von 3 bis 4 m ein, für die Mini-Kiwis reichen auch 1,50 m. Mulchen Sie die Baumscheibe: Das schützt die flachstreichenden Wurzeln und hält den Boden feucht. Denn aufgrund ihrer großen und vielen Blätter haben die Kiwis einen sehr hohen Wasserbedarf, der durch zweimaliges Wässern pro Woche gestillt werden sollte. Bei Trockenheit stoßen die Pflanzen ihre Früchte ab. Geben Sie in den ersten drei Jahren nur sparsam stickstoffhaltige Dünger. Danach nehmen Sie möglichst chloridarme Volldünger und teilen die Gesamtmenge in zwei Gaben: Zwei Drittel gibt's im Frühjahr, ein Drittel bis Mitte Juni. Schützen Sie junge Pflanzen im Winter mit Reisig.

Die Mini-Kiwi 'Julia' enthält 150 mg Vitamin C pro 100 g Fruchtgewicht! Die Sorte ist selbstfruchtbar, bringt jedoch durch Bestäubung mehr Früchte hervor.

ERNTEZEIT

Die kleinen Mini-Kiwis werden im August und September reif. Sie sind dann etwas weicher. Spätestens wenn sich das Laub gelb färbt, sind auch die späten Sorten ernte-reif. Damit die Mini-Kiwis am Stielende nicht einreißen, schneidet man sie mit einer Schere ab. Denn unverletzt lassen sie sich besser lagern. Die Spaliere tragen manchmal so überreich, dass Sie die Früchtchen trocknen oder Marmelade daraus kochen können. Die größeren Kiwis reifen frühestens Mitte Oktober. Sie sind nachtfrostgefährdet. Ernten Sie darum noch unreife Früchte vor den ersten Nachtfrösten. Sie reifen bei Zimmertemperatur nach. Die kleinen und großen Früchte können in einem 10 bis 12 °C kühlen Raum ein paar Wochen gelagert werden.

SO WERDEN KIWIS GEBÄNDIGT

Lassen Sie in den ersten Standjahren die meterlangen Triebe der Kiwipflanzen erst einmal wachsen, schließlich soll das Spalier schnell berankt sein. Alles, was über das Rankgerüst hinauswächst, kürzen Sie jedoch ein. So entsteht ein Grundgerüst, an dem die Kiwi in den kommenden Jahren Früchte tragen wird. Kiwis können auch gut an einer Pergola gezogen werden. Dann hängen die Früchtchen vom Dach der Pergola herunter. Für eine reiche Ernte bräuchte man die Kiwis nicht zurückschneiden. Doch ohne bändigenden Schnitt würde das Spalier bald überwuchern.

Die Früchte bilden sich an den einjährigen Trieben aus dem Vorjahr. Diese schneiden Sie im Winter auf fünf bis acht Knospen zurück. Fruchttragende Äste, die älter als drei Jahre sind, entfernen Sie nach und nach am Hauptast. Sie werden dann durch junge Triebe ersetzt.

Im Sommer wird den langen Trieben Einhalt geboten: Kürzen Sie sie so ein, dass noch sechs bis sieben Blätter über den Früchten stehen bleiben.

KIWIS BÄNDIGEN

Die starken Schlinger sollten mindestens zweimal im Jahr geschnitten werden, damit sie das Spalier nicht überwuchern.

Ab August werden die fruchttragenden Triebe auf 6 bis 7 Blätter oberhalb der Früchte eingekürzt.

Im Winter abgetragene Fruchttriebe entfernen und einjährige Triebe einkürzen.

DIE NACH DEM SOMMERSCHNITT REICHLICH ANFALLENDEN GROSSEN BLÄTTER SIND EIN GUTER MULCH IM BEEREN- ODER GEMÜSEBEET.

OBST TROCKNEN

Getrocknetes Obst ist konzentrierter Geschmack. Denn bei dieser alten, einfachen Konservierungsmethode werden die Früchte durch Wasserentzug haltbar gemacht. Und das so schonend, dass die meisten Nährstoffe und Vitamine erhalten bleiben.

FRÜCHTE VORBEREITEN

Verwenden Sie nur reifes und unbeschädigtes Obst. Wenn möglich, werden die Früchte nicht mehr gewaschen. Wenn doch, lässt man sie gut auf Tüchern abtrocknen. Heidelbeeren, Johannisbeeren, Stachelbeeren, Weintrauben und Cranberrys werden entstielt und im Ganzen getrocknet. Steinobst wird entsteint und halbiert. Alle andere Früchte putzt man und schneidet sie in wenige Millimeter dünne Scheiben. Birnen können Sie mit Schale und Kerngehäuse trocknen.

MIT UMLUFT IM OFEN TROCKNEN

Verteilen Sie die vorbereiteten Früchte mit Abstand auf einer doppelten Lage Backpapier auf einem Blech. Sie sollten sich nicht überlappen. Im 50 °C heißen Ofen werden sie je nach Fruchtart etwa 12 bis 24 Stunden getrocknet. Damit trotz Umluft die Feuchtigkeit abziehen kann, halten Sie die Ofentür mit einem eingeklemmten Kochlöffelstiel leicht geöffnet. Zum Test brechen Sie die Fruchtscheiben an der dicksten Stelle durch. Sie dürfen dort nicht mehr feucht sein.

POWER FÜR PROFIS

Sollen viele Früchte getrocknet werden, lohnt die Anschaffung eines elektrischen Dörrapparates. Der bringt je nach Einstellung 20 bis 70 °C warme Luft in Bewegung, sodass die Früchte auf mehreren Lagen gut getrocknet werden – und das in weniger Zeit als im Ofen. Lagern Sie das Trockenobst kühl, trocken und dunkel in luftdicht schließenden Gefäßen, zum Beispiel in dunklen Gläsern, Blech- und Kunststoffdosen. Vor der Verwendung können Sie die Früchte in kaltem oder heißem Wasser einweichen, etwa für Früchtekuchen.

APFELRINGE AN DER LUFT TROCKNEN

Befreien Sie Äpfel mit oder ohne Schale mit einem Ausstecher vom Kerngehäuse und schneiden Sie die Früchte in 0,5 bis 1 cm dicke Ringe. Die Ringe fädeln Sie auf Schnüre auf und hängen sie zum Trocknen an einen warmen, trockenen Ort. Auch andere dünn in Scheiben geschnittene Früchte können an der Luft getrocknet werden. Nutzen Sie dazu die aufsteigende Wärme über Heizkörpern oder die sich stauende Wärme auf Küchenschränken. Wichtig ist, dass die Früchte rasch trocknen und nicht schimmeln.

FRUCHTCHIPS UND FRUCHTLEDER

Für knusprige Fruchtchips wird das Backpapier mit Puderzucker bestäubt, bevor die Fruchtscheiben, zum Beispiel von Erdbeeren, daraufgelegt werden. Bei 100 °C werden sie eineinhalb Stunden lang im Ofen getrocknet. Nach 60 Minuten wenden Sie die Fruchtscheiben und bestäuben sie noch einmal mit Puderzucker. Fruchtleder wird aus ungesüßtem oder nur leicht gesüßtem Fruchtmus hergestellt, das dünn auf einer Silikon-Backmatte oder auf Backpapier aufgestrichen wird. Nach ein bis drei Tagen an einem warmen Ort ist es trocken.

WILDE FRÜCHTE

Erst vom Frost geküsst, enthüllen die Mispeln ihr einzigartig fruchtiges Aroma.

Pflegeleicht sind sie ja, diese Wilden: Einmal in den Garten geholt, wachsen sie fast von allein und liefern dennoch reiche Ernte. Die muss man sich leider manchmal mit den wilden Gartentieren teilen.

Wildobstarten sind anspruchsloser als Apfel, Kirsche und Co. und finden sich auf den meisten Gartenböden zurecht. Es gibt sie meist nur in ihrer ungezüchteten Wildform, doch lohnt es sich, auch nach ausgelesenen Fruchtsorten Ausschau zu halten. Nur wenige sind zum Naschen geeignet wie Felsenbirne und Kirschpflaume. Die meisten sind im rohen Zustand eher herb, sauer oder bitter. Erst mit Zucker und Gewürzen zu Saft, Marmelade oder Likör veredelt, enthüllen sie ihren Aromaschatz. Die wilden Früchte sind auch sehr gesund: Sie enthalten Vitamine, Mineralstoffe und wertvolle sekundäre Inhaltsstoffe, die sie zu Superfoods machen! Holen Sie sich die Wildsträucher als formschöne Solitäre in den Garten oder stellen Sie eine Wildobsthecke zusammen, die nicht nur Ihnen etwas bringt, sondern auch Vögeln, Bienen und anderen Tieren Nahrung und Unterschlupf bietet (siehe auch Seite 81).

Die Felsenbirne

Die bis zu 10 m hohen Sträucher oder mehrstämmigen Bäume überraschen im Frühling mit weißen Sternchenblüten und im Herbst mit einer intensiv rotorangen Blattfärbung. Letzteres vor allem auf trockenen Standorten. Je älter die robusten und anspruchslosen Felsenbirnen werden, desto malerischer wird ihre Krone. Wenn trockene, sonnige Gartenecken bepflanzt werden sollen, sind Felsenbirnen die passenden Kandidaten. Hier kommen sowohl Kupfer-Felsenbirne (*Amelanchier lamarckii*) als auch Gemeine Felsenbirne (*A. ovalis*) gut zurecht, selbst wenn der Boden sandig ist. Die Ernte ist dann jedoch nicht so üppig wie an besseren Standorten. Auch diese Arten sind recht anspruchslos: Kanadische Felsenbirne (*A. canadensis*) und Erlenblättrige Felsenbirne bzw. Saskatoon (*A. alnifolia*). Im Halbschatten und in kälteren Regionen sind Felsenbirnen ebenfalls gut aufgehoben. Ausgesprochene Fruchtsorten, die noch schmackhaftere, größere Früchte versprechen, sind 'SaskaBlue', 'Ballerina' und 'Prince William'. Diese Sorten sollten Sie jedoch auf nährstoffreicheren Boden pflanzen. Für die Topfkultur in großen Kübeln gibt es klein bleibende Sorten wie *A. ovalis* 'Pumila' und *A. alnifolia* 'Obelisk'. Die Kupfer-Felsenbirne hat von Natur aus einen zierlichen Wuchs.

Die Kupfer-Felsenbirne fällt auf: Im Frühling blüht sie weiß, im Juni trägt sie blauschwarze Früchte und im Herbst färbt sich ihr Laub intensiv rotorange.

PFLEGEPROGRAMM

Im Winter oder nach der Blüte ist manchmal ein Auslichtungsschnitt fällig. Sonst wird nicht geschnitten, denn die malerische Krone entwickelt sich von ganz allein. Im Juni und Juli, wenn die Früchte reifen, werden die Sträucher in ein Vogelschutznetz gehüllt. Denn Vögel naschen die süßen Früchte auch gern. Die Sträucher sind robust und wenig krankheitsanfällig. Es sei jedoch erwähnt, dass die Felsenbirne zu den Wirtspflanzen des *bakteriellen Feuerbrands* (AUF SEITE 95) gehört.

ERNTEZEIT

Die Früchte der Felsenbirnen sehen eher Heidelbeeren ähnlich denn den namensgebenden Birnen. Die Früchte sind reif, wenn sie sich je nach Art blauschwarz bis dunkelpurpur färben und einen bläulichen Wachsbelag ausbilden. Ein weiteres untrügliches Zeichen sind Vögel, die ab Juni eifrig die Beeren picken. Doch färben sich die Früchte nicht zur gleichen Zeit, sondern folgernd, so dass regelmäßig durchgepflückt werden sollte. Die Früchte sind saftig-süß und schmecken nach Kirsche mit einem Hauch Marzipan. Genießen Sie die Felsenbirnen roh vom Strauch oder wie Heidelbeeren in Muffins. Größere Mengen können Sie auch trocknen, einfrieren oder zu Marmelade verarbeiten.

Die Wildrose

Rosen, auch die Wildrosen, sind anspruchsvoll. Sie möchten einen mittelschweren, lockeren Lehmboden mit einem pH-Wert zwischen 5,5 und 6,5 und einen vollsonnigen Standort. In Gärten, wo andere Rosen sehr gut gedeihen, werden sich auch die Wildrosen wohlfühlen. Zum Glück gibt es Rosenarten, die auch auf leichten Sandböden auskommen, etwa Kartoffel-Rose (*Rosa rugosa*) und Bereifte Rose (*Rosa glauca*). Wildrosen werden oft in Vogelschutzhecken integriert wie die überhängend wachsenden Hunds-Rosen (*Rosa canina*) oder in lockeren Hecken gepflanzt wie die aufrecht wachsenden Kartoffel-Rosen. Zur Böschungsbefestigung eignen sich vor allem die ausläufertreibenden Arten wie Kartoffel-Rose und Alpen-Rose (*Rosa pendulina*).

Die Hagebutten der Hunds-Rose (*Rosa canina*) sind scharlachrot gefärbt und hängen ab Augst zu Hunderten an den bogig überhängenden Trieben.

Wildrosen tragen viele Hagebuttenfrüchte, die ganz unterschiedlich geformt sein können. Die Früchte aller Rosen sind essbar. Einige Arten bringen größere und schmackhaftere Hagebutten hervor, die auch gut verarbeitet werden können. Sie sind in der Tabelle AUF SEITE 139 aufgelistet.

Die robuste Kartoffel-Rose (*Rosa rugosa*) hat auffällig große, plattrunde und fleischige Hagebutten. Sie lassen sich darum sehr gut verarbeiten.

ROSEN PFLANZEN

Geben Sie Ihren Rosen einen guten Start! Wenn bei der Pflanzung alles ideal vorbereitet wird, wachsen die Pflanzen gut an und bleiben gesund und vital. Sie können die Rosen wurzelnackt oder im Container kaufen. Wurzelnackte Rosen werden vor dem Pflanzen für 12 bis 24 Stunden in Wasser gestellt, damit sich die Wurzelzellen wieder mit Wasser vollsaugen können. Containerrosen taucht man dagegen nur kurz mit dem Ballen in Wasser, bis keine Bläschen mehr aufsteigen. Währenddessen können Sie die Pflanzgrube vorbereiten. Sie wird auf 40 × 40 × 40 cm ausgehoben. Lockern Sie den Boden des Pflanzlochs noch einmal mit einer Grabegabel. Den Erdaushub vermischen Sie zu einem Drittel mit reifem Kompost. Bei den gewässerten wurzelnackten Rosen werden die dicken Hauptwurzeln eingekürzt. Das regt die Bildung neuer Wurzeln an. Starke Triebe schneiden Sie bei der Frühjahrspflanzung auf vier bis fünf Knospen, schwache Triebe auf drei Knospen zurück. Bei den wurzelnackten Pflanzen müssen die Wurzeln gerade nach unten zeigen. Setzen Sie Rosen so tief, dass sich die Basisverzweigung etwa drei Fingerbreit unter der Erdoberfläche befindet. Bei veredelten Rosen sollte die Veredelungsstelle ebenfalls unterhalb der Erde sein. Nachdem das Kompost-Erde-Gemisch eingefüllt wurde, wird ein Gießring geformt und gut gewässert. Sobald das Wasser versickert ist, häufeln Sie die Rosen 15 cm hoch mit Erde an. Das schützt die Pflanzen in den ersten Wochen vor dem Austrocknen.

PFLEGEPROGRAMM

Geben Sie im Herbst Hornspäne und im Frühling Kompost. Vor der Blüte kann bei stark wachsenden Rosen noch einmal flüssig gedüngt werden. Schnittmaßnahmen sind bei den Wildrosen in der Regel nicht notwendig. Um den Fruchtertrag jedoch zu erhöhen, können Sie nach der Ernte oder im Frühling des Folgejahres abgetragene Fruchtäste auf Neutriebe zurückschneiden. Alle paar Jahre kann ein Verjüngungsschnitt notwendig sein. Wildrosen sind meist robust und werden seltener von Pilzkrankheiten, wie Echter und Falscher Rosenmehltau, Rosenrost oder Sternrußtau, heimgesucht wie die Edelrosen. Rosentriebbohrer, Blattläuse, Blattrollwespe und Blattwespen kann man manchmal an den Blättern und Trieben beobachten. Schneiden Sie welke Triebe durch den Rosentriebbohrer zurück und pflücken Sie eingerollte Blätter der Blattrollwespe bei starkem Auftreten.

ERNTEZEIT

Von August bis Oktober reifen die Hagebutten heran. Die Früchte der Apfel-Rose schmecken auch mal roh genascht. Sonst verarbeitet man die Hagebutten zu Marmelade, Mus und Chutney, Wein und Likör.
Aus getrockneten Hagebutten und Blütenblättern wird Tee gekocht. Die ‘Pillnitzer Vitaminrose’ hat den höchsten Vitamin-C-Gehalt unter den Rosen: bis zu 2000 mg / 100 g, bei den anderen liegt er bei 400 bis 500 mg / 100 g.

WILDROSENARTEN

mit besonders großen, aromatischen Hagebutten, die sich leicht verarbeiten lassen.

ROSENART	BLÜTENFARBE	HAGEBUTTEN	WUCHS
Hunds-Rose (*Rosa canina*)	blassrosa	scharlachrote Hagebutten, süß-säuerlich	2–3 m, bogig überhängende Triebe, Ausläufer
‘PiRo 3’ auch als ‘Pillnitzer Vitaminrose’ im Handel (*Rosa dumalis* × *Rosa pendulina*)	zartrosa	ziegelrote Früchte, reifen gleichmäßig	2,50 m hoch und breit, Langtriebe fast unbestachelt, locker aufgebaut
Kartoffel-Rose (*Rosa rugosa*)	weiß, rosa, karminrot je nach Sorte	flachkugelige, große, scharlachrote Hagebutten	1–2 m hoch, straff aufrecht, Ausläufer, für Sandböden geeignet
Apfel-Rose (*Rosa villosa*)	kräftig rosa	rundlich-ovale, ziegelrote, borstig-behaarte Früchte	1–2 m hoch, dicht verzweigt, Ausläufer
Essig-Rose (*Rosa gallica*)	dunkelrosa	1,5 cm kugelig oder birnenförmig, wenig fleischig, braunrot	0,60–1 m, kleiner Strauch, straff aufrecht, Ausläufer
Bereifte Rose (*Rosa glauca*)	rosa-karminrot	orangerot bis scharlachrot, kugelig, auf langen Fruchtstielen	1–3 m hoch, buschig aufrecht, für Sandböden geeignet
Alpen-Rose (*Rosa pendulina*)	kräftig rosa	2,5 cm, hängend, eiförmig bis länglich-flaschenförmig, rotorange	1–2 m hoch und breit, überhängender Wuchs, fast stachellos

JUCKPULVER: DIE FEINEN HÄRCHEN IN DEN HAGEBUTTEN SIND MIT WIDERHAKEN BESETZT, DIE BEI KONTAKT JUCKREIZ AUSLÖSEN.

Die Kornelkirsche

Die Kornelkirsche (*Cornus mas*) braucht einen humosen, kalkhaltigen, nicht zu trockenen Boden und viel Sonne. Trockenheit quittiert sie mit kleineren Früchten. Sie kann auch gut in höheren Lagen angesiedelt werden, dort reifen jedoch die Früchte oft nicht mehr aus. Staunasse, verdichtete Böden verträgt sie nicht. Der bis zu 8 m hohe Strauch oder Kleinbaum ist einer der frühesten Blüher bei uns: Schon Anfang März öffnen sich die kleinen gelben Blütenbüschel in den noch laublosen Ästen. Gute Kost für Insekten, die an den ersten warmen Frühlingstagen munter werden. Aber auch gefährlich, denn solch frühe Blüte kann in einer Spätfrostnacht erfrieren oder es sind noch zu wenige Bestäuberinsekten unterwegs. Besonders die großfrüchtigen Sorten leiden darunter, wie 'Jolico', 'Schönbrunner Gourmet-Dirndl', 'Kazanlak', 'Schumener', 'Titus', 'Devin', 'Pancharevo', 'Cornella' und 'Cornello Castle'. Kornelkirschen sind selbstfruchtbar, pflanzen Sie dennoch für eine gute Ernte mehrere Sorten. Im naturnahen Garten sind sie Bestandteil von Wildobsthecken. Sie eignen sich auch als Solitär oder streng geschnittene Hecke.

Verführerisch leuchten die roten Kornelkirschen durchs grüne Laub. Doch erst die in dunkelstem Rot schmecken auch wirklich.

PFLEGEPROGRAMM

Kornelkirschen sind pflegeleicht. Sie brauchen nur alle paar Jahre einen Auslichtungsschnitt. Während der Fruchtentwicklung wird öfter mal gegossen. Und entweder arbeitet man im Frühjahr Kompost oder im Herbst Hornspäne leicht auf der Baumscheibe ein.

ERNTEZEIT

Je nach Sorte können Sie die Kornelkirschen von Mitte August bis Ende September ernten, doch nur die dunkelroten Früchte sind reif und angenehm süß-sauer. An einem Strauch reifen die Früchte leider nicht gleichzeitig. Pflücken Sie öfter durch. Die Vitamin-C- und anthocyanreichen Früchte schmecken roh, können aber auch entsaftet werden. Ein Kompott schmeckt – ähnlich wie Kirschkompott – zu Wildgerichten. Für musige Marmeladen kochen Sie die Früchte zunächst. Dann löst sich der Stein und Sie können die Früchte durch eine Flotte Lotte passieren. Auch Wein und Likör lassen sich gut herstellen. Pro Strauch können Sie zwischen 20 und 40 kg ernten, wenn Sie es schaffen, Kernbeißer, Dompfaff, Haselmaus und Siebenschläfer fernzuhalten.

Die Kirschpflaume

Die mit den Pflaumen verwandten Kirschpflaumen (*Prunus cerasifera*) wachsen zu etwa 8 m hohen Sträuchern oder Bäumen heran. Sie sind so anspruchslos, dass sie in jedem Garten gedeihen, besonders gern stehen sie auf kalkhaltigen, leichteren und trockeneren Böden. Wegen ihrer frühen Märzblüte sind sie spätfrostgefährdet. Kirschpflaumen sind schöne Solitärsträucher, können aber auch in gemischte Wildobsthecken integriert werden. Die Bäume sind selbstunfruchtbar, es braucht also zwei Bäume bzw. Sorten, um die runden, 3 bis 5 cm großen, je nach Sorte gelben bis rötlichen Früchte ernten zu können. Die Früchte können recht unterschiedlich schmecken: von pflaumig-süß bis langweilig-fad. Wollen Sie die Früchte als Naschobst ernten, dann greifen Sie auf großfrüchtige, aromatische Sorten zurück wie 'Trailblazer', 'Anatolia', 'Hamyra', 'Ceres' und 'Fertilia'.

PFLEGEPROGRAMM

Kirschpflaumen sind sehr pflegeleicht. Sie bekommen denselben *Pflanz- und Erziehungsschnitt* wie die verwandten Pflaumen AUF SEITE 98 Wenn nötig wird die Krone alle paar Jahre ausgelichtet. Mulchen Sie die Baumscheibe im Frühjahr mit Kompost. *Schädlinge und Krankheiten* gibt es kaum, wenn, dann sind es dieselben, wie sie auch auf den Pflaumen zu finden sind AUF SEITE 97.

ERNTEZEIT

Ab August reifen die vielen, vielen Früchte. Geerntet werden sie, wenn sie sich leicht lösen lassen. Nicht alle werden mit einem Mal reif. Pflücken Sie öfter durch. Die süßen, mirabellenähnlichen Früchte können Sie gleich beim Ernten naschen. Aus der Ernte können Sie Saft herstellen, Marmelade oder Gelee kochen, Wein oder Likör bereiten oder leckeren Pflaumenkuchen backen. Die Steine lösen sich nur schlecht, darum lässt man sie beim Kompottkochen einfach drin.

Es ist eine Augenweide, wenn die Kirschpflaumen ab August über und über mit kleinen Früchtchen behängt sind. Gesicherten Fruchtgenuss bringen die ausgelesenen Sorten, denn die Wildformen können roh manchmal recht fad schmecken. Letztere werden besser verarbeitet.

Mispel lässt sich und dem Gärtner Zeit bis zur Ernte. Erst im Winter hat sie ihren optimalen Reifegrad erreicht, wenn sie durch den Frost mürbe ist. In ihrer unscheinbaren Frucht birgt sich ein Aromaschatz, der vor allem in Form von Mispelgelee viele Liebhaber hat.

Die Mispel

Die etwa 3 bis 6 m hohe, eher in die Breite wachsende Mispel (*Mespilus germanica*) kommt ursprünglich aus dem Mittelmeerraum. Außerhalb wintermilder Regionen ist sie frostgefährdet. Sie gedeiht in voller Sonne auf tiefgründigen, eher trockenen, kalkhaltigen Böden. Auch im Halbschatten kommt sie klar. Die Sorte 'Großfrüchtige von Nottingham' ist besonders für feuchte Böden geeignet. Die Mispel war einmal ein angesehenes Kulturobst, ganz ähnlich wie der Apfel, und schlummert nun wie ein Relikt aus alten Zeiten in Parks. Es gibt einige großfrüchtige, schmackhafte Sorten wie die bereits genannte 'Nottingham', 'Holländische Großfrüchtige' oder 'Mispel von Metz'. Von einem ausgewachsenen Baum können Sie bis zu 30 kg der kreiselförmigen, rostbraunen Früchte ernten. Das muss man mögen und auch verarbeiten können!

PFLEGEPROGRAMM

Mispeln sind sehr pflegeleicht. Alle paar Jahre ist ein Auslichtungsschnitt fällig. Gedüngt wird sie wie Apfel und Birne im Frühjahr. Vorsicht: Mispeln sind nah mit Birne und Apfel verwandt und ebenso Wirtspflanzen für den *bakteriellen Feuerbrand* AUF SEITE 95.

ERNTEZEIT

Die steinharten Früchte mit der rostbraunen Schale brauchen lange, bis sie ernte- und genussreif sind. In der Regel ist das nach dem ersten Novemberfrost soweit, wenn die Früchte schokoladenbraun werden und auf Druck nachgeben. Ein Zeichen dafür, dass das Fruchtfleisch endlich weich ist. Bleibt der Frost aus, können Sie die Früchte ab Mitte November ernten und 20 Tage kühl lagern. Auch das macht die Früchte weich. Die gängigste Art, sich der spröden Mispel zu nähern, ist es, aus ihr Saft zu gewinnen. Aus dem kocht man dann mit etwas Zitronensaft und viel Zucker ein köstlich duftendes Gelee oder bereitet daraus Likör. Aber auch alles, was man sonst mit Apfel und Birne machen würde, klappt mit der Mispel.

Die Haselnuss

Die Hasel (*Corylus avellana*) kommt mit jedem nicht zu trockenen Boden zurecht. Nur auf nährstoffarmen Sandböden mickert sie. In Spätfrostlagen erfrieren oft die Blüten, die sich bereits im Februar öffnen. Um in den Haselnuss-Genuss zu kommen, brauchen Sie übrigens zwei Sträucher. Es reicht auch, wenn in der Nachbarschaft eine Hasel steht. Die bis zu 7 m hohen Sträucher bleiben kompakt und sind auch für kleinere Gärten geeignet, etwa als Sichtschutz, als formschöner Solitär oder in einer lockeren Hecke. Und die Haseln gehören unbedingt in Wildobsthecken, denn bei ihnen finden Vögel und Kleinsäuger Futter und Unterschlupf, die Blätter sind Nahrungsgrundlage für viele Schmetterlinge und andere Insekten und die Blüten bieten Bienen und anderen Blütenbesuchern mitunter den ersten Pollen im Jahr dar. Aber Vorsicht: Die Pollen lösen bei empfindlichen Personen während der Blütezeit starken Heuschnupfen aus!
Neben der strauchartigen Form gibt es auch Veredlungen als Halb- und Hochstamm. Unter den Haselarten haben die Zellernüsse (*Corylus avellana*) und die Lambertsnüsse (*C. maxima*) die größten Früchte. Empfehlenswerte Sorten sind: 'Hallesche Riesen', 'Wunder von Bollweiler', 'Rote Lambertsnuss' und 'Webbs Preisnuss'. Sie können mit einem Ertrag von 2 bis 5 kg rechnen.

Nüsse aus dem eigenen Garten sind mit der robusten Hasel fast überall möglich – anders als mit wärmeliebender Walnuss oder Esskastanie.

EIN FLECHTZAUN AUS HASELRUTEN

Haselruten, die beim Schnitt anfallen, eignen sich gut, um daraus kleine Zauneinfassungen oder Staudenstützen zu flechten. Für Flechtzäune benötigen Sie noch biegbare Haselruten und etwa 30 cm lange Pflöcke aus dickeren Haselästen. Diese Pflöcke werden etwa alle 50 cm so tief in den Boden gesteckt, dass etwa 15 bis 20 cm herausschauen. Um diese Pflöcke werden abwechselnd die dünneren Ruten geflochten.

PFLEGEPROGRAMM

Setzen Sie mehrere Haselsträucher 2 bis 3 m weit auseinander. Im Frühjahr verteilen Sie Kompost unter den Sträuchern und mulchen das Jahr über. Für große Nüsse sollten Sie während hochsommerlicher Trockenphasen zusätzlich wässern. Alle paar Jahre wird ein Auslichtungsschnitt nötig, bei dem Sie alte Triebe aus der Basis herausschneiden. Auch ein starker Rückschnitt ist möglich. Der Haselnussbohrer ist einer Ihrer Hauptkonkurrenten um die Nüsse. Seine Larven hausen in den Nüssen und fressen den Nusskern. Sammeln Sie vorbeugend noch vor August befallene Früchte mit Bohrloch ab.

ERNTEZEIT

Die Nüsse sind reif, wenn sie sich ab Mitte September von grün nach braun verfärben und ihre Schale hart wird. Sie fallen dann von allein herunter, etwas Rütteln am Baum kann nachhelfen. Erleichtern Sie sich das Aufklauben der

Nüsse, indem Sie vorher eine Decke unter den Strauch legen. Die fetthaltigen Nüsse können Sie roh oder geröstet essen oder zu einem Aufstrich verarbeiten. Lagern Sie nur intakte Nüsse ohne Risse ein. Sie werden vorher vier bis sechs Wochen lang nachgetrocknet und sollten in der Schale klappern. Dann werden sie an einem trockenen, gut belüfteten Platz mit Schale in Körben oder Leinensäcken aufbewahrt.

Die Sibirische Honigbeere

Die etwa 1 m hohe, anspruchslose Honigbeere (*Lonicera caerulea* var. *kamtschatica*) findet überall einen Platz, zum Beispiel in der Nähe der Johannisbeeren. Auch unter größeren Bäumen können Sie sie als Unterpflanzung ansiedeln, denn sie verträgt Wurzeldruck und Schatten. Die Honigbeere wird im Handel auch als Maibeere geführt. Doch ist der Name irreführend, denn vor Ende Mai sind die blaubeerähnlichen Früchte nicht reif. Gemeinsam mit der Erdbeere ist die Honigbeere dennoch das erste Naschobst, das im Garten geerntet werden kann. Honigbeeren sind selbstunfruchtbar. Für einen guten Fruchtansatz pflanzen Sie am besten zwei Sorten. Geschmacklich gibt es große Unterschiede. Gute Sorten sind 'Amur', 'Fialka', 'Morena', 'Mailon' und 'Maistar'.

PFLEGEPROGRAMM

Pflanzen Sie die Sträucher in einem Abstand von etwa 1,30 bis 1,80 m. Die Honigbeeren sind sehr pflegeleicht. Wässern Sie sie im Sommer dennoch bei Trockenheit, damit sie ihre Blätter nicht vorzeitig verlieren. Die Sträucher wachsen recht langsam. Erst nach ein paar Jahren wird ausgelichtet. Das macht man genauso wie bei den Roten Johannisbeeren: Nach der Ernte schneiden Sie die ältesten Triebe über dem Boden zurück. Vom Neuaustrieb lassen Sie drei kräftige Triebe stehen. Neue Triebe wachsen aus dem Boden. Netzen Sie die Sträucher am besten ein, damit die Vögel nicht alle Früchte stibitzen.

ERNTEZEIT

Die blauen Beeren werden Ende Mai reif. Doch brauchen sie noch etwas Zeit, wenn sie sich äußerlich blau gefärbt haben. Erst wenn auch das Fruchtfleisch lilablau durchgefärbt ist, schmecken die Honigbeeren auch. Sonst sind sie fade und ein bisschen bitter und gar nicht süß-säuerlich. Sie enthalten Anthocyane, Flavonoide und Vitamin C. Nach etwa vier Jahren tragen die Sträucher so viele Früchte, dass man sie entsaften oder daraus Kompott oder Marmelade kochen kann. Sonst passen sie überall dort, wo auch Heidelbeeren eingesetzt werden, zum Beispiel in Muffins.

Bereits Ende Mai werden die blauen Honigbeeren reif. Doch braucht es Geduld, um den richtigen Reifezeitpunkt abzupassen, wenn sich auch das Fruchtfleisch blau gefärbt hat.

Der Schwarze Holunder

In früheren Zeiten pflanzte man den Schwarzen Holunder als „guten Geist“ auf fast jedem Grundstück. Heute sieht man ihn vor allem in naturnahen Gärten, in Wildobsthecken oder als schön gewachsenen Solitär. Die Bäume bieten reichlich Schutz und Nahrung für Vögel, Schmetterlinge und andere Insekten. Der Großstrauch wächst schnell, kann etwa 4 bis 5 m hoch werden, auf zusagenden Böden auch bis zu 10 m hoch. Er braucht einen tiefgründigen, durchlässigen Boden und verträgt auch einen halbschattigen Platz. Möchten Sie allerdings reichlich ernten, sollte der Boden zusätzlich stickstoff- und humusreich sein und die Niederschlagsmenge im Jahr 700 mm nicht unterschreiten. Dann können Sie je nach Größe des Strauchs 5 bis 20 kg Früchte ernten. Ausgelesene Sorten unterscheiden sich in Fruchtgröße und Geschmack. Im Gegensatz zu den Wildformen reifen ihre Beeren gleichmäßig ab. Empfehlenswerte Sorten sind ‘Haschberg’ und die dänischen Sorten ‘Samyl’, ‘Samidor’, ‘Sampo’ und ‘Samdal’.

HOLUNDER-SCHNITT

Nach der Ernte schneiden Sie die abgetragenen Fruchtäste auf nahe der Basis wachsende Jungtriebe zurück. 7 bis 10 kräftige Äste bleiben stehen, alle anderen und die schwachen Triebe werden entfernt. Blüten entstehen bevorzugt an den Enden von Kurztrieben, die sich an den vorjährigen Langtrieben entwickeln.

PFLEGEPROGRAMM

Der Holunder ist recht anspruchslos. Geben Sie ihm dennoch vor dem Pflanzen eine Schaufel voll Kompost und eine Handvoll Hornspäne ins Pflanzloch. Für die weitere Nährstoffversorgung reicht etwas organischer Volldünger im Frühjahr. Wird der Strauch als Fruchtlieferant gezogen, sollten Sie ihn regelmäßig auslichten. So fördern Sie das Wachstum von blütentragenden Trieben. Lange Jahre ungeschnittene Sträucher vertragen sogar einen radikalen Rückschnitt und treiben willig aus der Strauchbasis wieder aus. Schädlinge und Krankheiten gibt es kaum: Die Holunderblattlaus sorgt für verdrehte und verkrüppelte Triebe. In den Fruchtdolden kann sich nach lang andauernden Niederschlägen Grauschimmelfäule breitmachen. In beiden Fällen wird Befallenes herausgeschnitten.

ERNTEZEIT

Vom Holunder können Sie zweimal ernten: im Juni und Juli einen Teil der Blüten und ab Mitte August die schwarzen Beeren. Aus den weißen Blütendolden entsteht Sirup, Holunderblütensekt, Gelee oder in Eierkuchenteig ausgebackene Hollerküchlein. Die Früchte reifen über einen Zeitraum von zwei bis vier Wochen ab, nicht alle Dolden sind zur selben Zeit erntereif. Erntereife Dolden erkennen Sie daran, dass sie überhängen. Dann sind auch die meisten Beeren einer Dolde schwarz gefärbt, noch grüne Früchte sortieren Sie aus. Tragen Sie zum Schutz vor hartnäckigen Flecken beim Ernten Handschuhe und alte Kleidung, denn zerdrückte Holunderbeeren färben stark.
Auch vollreif sind die fast schwarzen Beeren roh ungenießbar. Sie müssen erhitzt werden, etwa indem man die Früchte heiß entsaftet oder zu Kompott verarbeitet. Denn dadurch wird das giftige Sambunigrin zerstört, das Brechreiz und Durchfall hervorruft. Den Saft können Sie dann zu Gelee, Wein oder Likör weiterverarbeiten.

ERKÄLTUNGSZEIT

Holunderbeeren enthalten viel Vitamin C, die Mineralstoffe Kalium, Phosphor und Kalzium und sekundäre Pflanzenstoffe. Holunderbeersaft, heiß oder kalt getrunken, stärkt bei schmuddeligem Herbstwetter die Abwehrkräfte und hilft bei Erkältungen.

Preiselbeere und Cranberry

In saurem, sandig-humosem, durchlässigem Gartenboden finden sich die beiden immergrünen Zwergsträucher gut zurecht. Stehen schon Heidelbeeren oder lichte Rhododendren im Garten, können diese mit Preiselbeere (*Vaccinium vitis-idaea*) oder Cranberry (*Vaccinium macrocarpon*) unterpflanzt werden. Haben sie sich erst einmal etabliert, bilden sie einen dichten grünen Teppich. Dann können Sie etwa 1 bis 2 kg Cranberrys oder 0,5 bis 1,5 kg Preiselbeeren pro Quadratmeter ernten. Neben den Wildformen gibt es großfrüchtige und ertragreiche Sorten. Früh reifen die Cranberrys 'Early Black', 'Red Balloon' und 'Stevens'. Besonders große Früchte haben 'Olson Honkers' und 'Howes'. Bei den Preiselbeeren sind es die Sorten 'Koralle', 'Erntesegen' und 'Red Pearl'.

PFLEGEPROGRAMM

Pflanzen Sie die Immergrünen am besten im Frühjahr, um Frostschäden zu vermeiden. Ist der Boden noch nicht sauer, wird er etwa 20 cm tief abgetragen und mit Rhododendronerde aufgefüllt. Preiselbeeren brauchen einen pH-Wert von 4 bis 5, Cranberrys von 5 bis 5,5. Die Pflanzen setzt man in einem Abstand von 20 cm zueinander, denn sie bilden innerhalb von zwei Jahren Ausläufer, mit denen sie die freien Flächen verschließen. Pro Quadratmeter brauchen Sie etwa sechs Pflanzen. Zu weit wandernde Pflanzen stechen Sie beherzt mit einem Rasenkantenstecher ab und pflanzen sie an anderer Stelle als Bodendecker wieder ein.

Im Frühjahr geben Sie sauer wirkenden *Nadelkompost* AUF SEITE 60 oder alle zwei bis drei Jahre einen kalkarmen, chloridfreien Dünger für Moorbeetpflanzen. Bei Trockenheit sollten Sie die Cranberrys gießen, denn ihre Wurzeln liegen nur flach unter der Oberfläche und trocknen schnell aus. Im Winter deckt man die Cranberrys zum Schutz vor Frostschäden mit Koniferenreisig ab. Gelegentlich können ältere, vergreiste Triebe entfernt werden.

ERNTEZEIT

Preiselbeeren werden mehrmals ab August durchgepflückt, die Cranberry erst ab Ende September. Reif sind die Früchte, wenn sie voll ausgefärbt sind. Sie sind dann zwar noch hart, aber erntereif. Cranberrys sind gekühlt mehrere Wochen haltbar. Roh sind die sauren Beeren für die meisten eine Zumutung, aber mit etwas Zucker bestreut, kann man die kleineren Preiselbeeren auch mal roh essen. Sonst werden sie zu Marmelade oder Fruchtsaucen verarbeitet. Ihr Pektingehalt ist so hoch, dass man das Geliermittel getrost weglassen kann. Auch entsaften und trocknen kann man sie. Die Beeren sind picke-packe-voll mit Vitaminen und Mineralstoffen. So stecken in 100 g Preiselbeeren 10 bis 20 mg Vitamin C!

Die heimischen Preiselbeeren werden nur zwischen 10 und 30 cm hoch. Da muss man bei der Ernte schon niederknien oder sich tief verbeugen, um in den Genuss der gesunden, säuerlichen, roten Beeren zu kommen.

Die Apfelbeere

Die Apfelbeere oder Aronia (*Aronia melanocarpa*) ähnelt im Wuchs der Johannisbeere und kann auch gemeinsam mit ihr angebaut werden. Die Sträucher sind frosthart, anspruchslos und man kann sie auch in kälteren Regionen bzw. höheren Lagen anbauen, Hauptsache die Jahresniederschlagsmenge beträgt 500 bis 600 mm. Im Herbst färben sich die Blätter weinrot bis dunkelrot. Die Sträucher sind zwar selbstfruchtbar, doch erhöht sich der Fruchtansatz, wenn Sie mehrere Sorten anbauen. Reichtragende Sorten sind zum Beispiel 'Hugin' oder die Sorten aus der Kreuzung mit *Aronia arbutifolia*: 'Viking', 'Nero', 'Rubina', 'Aron' und 'Königshof'.

SUPERFOODS UND SUPER-FRUITS?

Es gibt keine eindeutige Definition für Superfoods. Meist sind damit pflanzliche Lebensmittel mit besonders hohen Anteilen an sekundären Inhaltsstoffen gemeint, die unsere Gesundheit fördern oder bestimmten Krankheiten vorbeugen sollen. Doch sind Vitamine, Mineralstoffe und sekundäre Inhaltsstoffe von Natur aus in vielen Obst-, Gemüse- und Kräuterarten enthalten. Da braucht es die Superfoods eigentlich nicht. Die Früchtchen auf dieser Seite sind reich an Anthocyanen, die die Früchte rot oder lila färben. Je intensiver die Farbe, desto mehr Anthocyane sind enthalten. Anthocyane haben eine antioxidative Wirkung, sie binden freie Radikale. Übrigens sind Anthocyane auch in Johannisbeeren und Heidelbeeren enthalten.

PFLEGEPROGRAMM

Die Sträucher sind sehr genügsam und brauchen meist keine Düngung. Wurzelausläufer können lästig werden, lassen sich aber leicht entfernen. Möchten Sie direkt an der Gartengrenze Ihr Aronia-Beet anlegen, sollten Sie eine Wurzelsperre einsenken. Alle drei Jahre entfernen Sie die ältesten Haupttriebe über dem Boden. Vögel zeigen sich auch interessiert an den Früchten, seltener nagen Frostspanner oder Ebereschenmotte an den Blättern.

ERNTEZEIT

Ab Anfang August kann die Ernte beginnen. Erntereif sind die Beeren, wenn sie auch im Inneren durchgefärbt sind. Von einem Strauch können Sie 10 bis 17 kg ernten. Roh sind die eigentlich süßen Früchte wegen des hohen Gerbstoffanteils kein Genuss. Doch lässt sich gut und viel Saft aus ihnen pressen und weiterverarbeiten, zum Beispiel zu Gelee. Oder Sie nutzen den stark färbenden Saft, um andere Säfte, Gelees oder Marmeladen zu färben bzw. für Mixgetränke. Getrocknete Beeren sind ein gesunder Snack, zum Beispiel in Müsli. Die schwarzvioletten Früchte sind vollgepackt mit Vitaminen: Vitamin C (10 bis 30 mg / 100 g) sowie B2, B9, E und P, außerdem mit Mineralstoffen und Anthocyanen (850 mg / 100 g).

Die dunklen, schwarzen Früchte der Apfelbeere sind zwar ausgesprochen süß, doch auch sehr bitter. Das schmälert den Nasch-Genuss. Die gesunden Früchte verarbeitet man besser zu Saft und Gelee.

Die Gojibeere

Die Gojibeere (*Lycium barabarum*) ist nicht so exotisch, wie der Name vermuten lässt. Sie ist eine alte Bekannte, die bei uns schon seit Jahrhunderten als Gemeiner Bocksdorn oder Wolfsdorn bekannt und heimisch ist. Den Bocksdorn findet man oft an Böschungen, wo er mit seinen Ausläufern den Boden befestigt.

Gojipflanzen sind unkompliziert. Sie vertragen jeden Gartenboden, sogar trockene Standorte. Einige Sorten neigen dazu, sich über Ausläufer auszubreiten. Das mag an Naturstandorten erwünscht sein, in kleinen Gärten kann es zum Problem werden. Gojis sind selbstfruchtbar. Sie können als Einzelpflanzen wie Johannisbeeren oder als Spalier wie Himbeeren erzogen werden. Sorten mit orangeroten, länglichen Früchten sind mild, nur leicht herb und erinnern im Geschmack an eine süßliche Tomate. Die Naschfrüchte wachsen an 'No. 1 Lifeberry'

Die Gojibeeren sind unkomplizierte Sträucher, die ab August unbeirrt ihre kleinen roten Früchte tragen. Man unterscheidet zwischen eher süßlichen Sorten wie 'No. 1 Lifeberry' zum Naschen und eher herben Sorten wie 'Big Lifeberry' für pikante Speisen.

und 'Turgidus'. Ziegelrote, spitzovale Früchte haben 'Sweet Lifeberry', 'Big and Sweet Lifeberry' und 'Big Lifeberry'. Sie schmecken nach Paprika, sind herb mit einem mehr oder weniger spürbaren Pfefferton. Sie eignen sich eher für pikante Speisen wie Salate, Käse und Aufstriche, aber auch Fruchtsaucen.

PFLEGEPROGRAMM

Gießen Sie die Pflanzen auf leichten, sandigen Böden im Sommer und düngen Sie gelegentlich. Entfernen Sie unerwünschte Wurzelausläufer rechtzeitig. Im Winter schneiden Sie lange Vorjahrestriebe zurück oder entfernen sie ganz. Lassen Sie etwa zwei bis vier Leittriebe zum Strauchaufbau stehen. Im Spätsommer können bereits allzu lange Triebe in etwa 2 m Strauchhöhe gekappt werden.

ERNTEZEIT

Die Gojibeeren reifen von August bis Oktober. Sie sind außergewöhnlich reich an Vitamin C und Eisen, aber auch Vitamin A, B1, B2 und antioxidativ wirkenden Carotinoiden. Die reiche Ernte – pro Strauch sind etwa 0,5 bis 1 kg Ertrag zu erwarten – kann im Backofen getrocknet oder zu Fruchtsaucen und Säften verarbeitet werden. Die getrockneten Beeren werden überall dort zugefügt, wo auch Rosinen zum Einsatz kommen: Müsli, Kuchen etc.

Die Schisandra

Schisandra (*Schisandra chinensis*), auch Chinabeere oder Vitalbeere genannt, ist anspruchslos, wächst auf fast jedem halbwegs humosen Boden, in Sonne und Halbschatten. Die Pflanzen sind winterhart, aber spätfrostgefährdet. Für ihren sich windenden, kletternden Wuchs benötigen sie gespannte Drahtseile, Pergolen oder Rankgitter. Sie kann 8 bis 15 m hoch klettern. Es gibt männliche und weibliche Pflanzen. Sie brauchen also Pflanzen beiderlei Geschlechts, um ernten zu können. Im Handel werden meist über Aussaat vermehrte Pflanzen angeboten, deren Geschlecht sich erst nach mehreren Jahren herausstellt. Es kann passieren, dass Sie zwei männliche oder zwei weibliche Pflanzen bei sich gepflanzt haben! Sicherer ist es, auf Auslesen zu setzen, bei denen männliche und weibliche Blüten auf einer Pflanze sitzen, z. B. die Sorte 'Vitalbeere'.

PFLEGEPROGRAMM

Die pflegeleichten Kletterer werden in einem Abstand von 1 m gesetzt. Geben Sie keinen Kompost ins Pflanzloch, das vertragen die jungen Pflanzen nicht. Ältere Pflanzen werden im Frühjahr und Herbst mit Kompost gedüngt. Im Winter decken Sie die Jungpflanzen zum Schutz vor Frost mit Reisig ab. Alle paar Jahre wird ausgelichtet.

Die roten Schisandrabeeren schmecken sehr exotisch, denn sie sind gleichzeitig süß sauer, bitter, scharf und salzig.

ERNTEZEIT

Geerntet wird im September. Die Früchte sind reich an Aminosäuren, Mineralstoffe, Vitamin C und E, Pektin und Gerbstoffen. Ihr Geschmack ist mit nichts vergleichbar. Er enthält bittere, scharfe, säuerliche, süße und salzige Nuancen. Das hat ihm in China auch den Namen Wu Wei Zi, Kraut der fünf Geschmäcker, eingebracht. Die Früchte können roh oder getrocknet genascht werden, zu Marmelade, Sirup oder Likör verarbeitet werden. Pro Pflanze können Sie 200 g bis 2,5 kg ernten.

SERVICE

Empfehlenswerte Sorten

Es gibt so viele Obstsorten im Handel, alte wie neue, dass es nicht möglich ist, das gesamte Sortiment abzudrucken. Die folgende Auswahl ist für den Hausgarten geeignet und beruht auf Empfehlungen von Gartenbauvereinen, Gartenakademien und Wissenschaftlern. Lassen Sie sich dennoch in der Obstbaumschule Ihrer Wahl beraten, um die für Ihre Region passende Obstart und Obstsorte zu finden.

Apfel

Hier eine Auswahl von Sorten, die sogar einigen Marktsorten im Geschmack ähneln.

EMPFEHLENSWERTE SORTEN

SORTE	PFLÜCKREIFE / GENUSSREIFE	EIGENSCHAFTEN
'PIROS'	ab Anfang August	zum Sofortverzehr, wenig anfällig für Schorf und Mehltau
'GRAVENSTEINER'	Ende August / September – November	sofort genussreif, kann auch gelagert werden, schorfanfällig
'ALKMENE'	ab Anfang September / September – November	im Geschmack wie 'Cox Orange', für gute Standorte ohne Spätfrost
'BERLEPSCH'	ab Ende September / Oktober – März	blüten- und holzfrostanfällig
'PILOT'	ab Anfang Oktober / Februar – Juni	lange lagerfähig
'ROTER BOSKOOP'	Anfang – Mitte Oktober / November – Februar	Kuchen- und Bratapfel, wenig anfällig für Mehltau und Schorf
'DISCOVERY'	Anfang – Mitte August	sofort genussreif, mehrere Wochen haltbar, schorfresistent
'NELA'	Mitte August	sofort genussreif, mehrere Wochen haltbar, im Geschmack wie 'Gala', wenig mehltauanfällig, schorfresistent
'GERLINDE'	ab Ende August	zum Sofortverzehr, mittel anfällig für Mehltau, schorfresistent
'SANTANA'	Anfang September	zum Sofortverzehr, kurz lagerfähig, schorfresistent
'ROTE ALKMENE'	Anfang September / Mitte September – Ende Oktober	im Geschmack wie 'Cox Orange', schorfresistent
'REBELLA'	ab Mitte September	zum Sofortverzehr, schorfresistent
'RUBINOLA'	Mitte September / Ende September – Januar	zum Sofortverzehr, im Geschmack wie 'Elstar', gut lagerfähig, schorfresistent
'ROTER BERLEPSCH'	Ende September – Anfang Oktober / Oktober – Februar	im Geschmack wie 'Braeburn' und 'Fuji', etwas mehltauanfällig, schorfresistent
'TOPAZ'	Anfang – Mitte Oktober / November – März	gut lagerfähig, im Geschmack wie 'Pink Lady', Mehltau möglich, schorfresistent
'WINTERBANANE'	Mitte Oktober / Oktober – März	im Geschmack wie 'Jonagold', schorfresistent

Birne

Birnen wachsen lieber an einem warmen Standort, doch gibt es auch Sorten, die für kühleres Klima geeignet sind. Die Früchte sind vom Baum geerntet noch nicht sofort genussreif.

EMPFEHLENSWERTE SORTEN

SORTE	PFLÜCKREIFE / GENUSSREIFE	EIGENSCHAFTEN
'BOSCS FLASCHENBIRNE'	Mitte–Ende September / Oktober–November	für warme Regionen
'CONCORDE'	Mitte–Ende September / Oktober–November	ähnlich 'Conference'
'CONFERENCE'	Mitte–Ende September / Oktober–November	robust
'HORTENSIA'	Mitte–Ende September / Oktober	für kühle Regionen
'ARMIDA'	Anfang Oktober / Oktober–November	für kühlere Regionen
'ALEXANDER LUCAS'	Anfang–Mitte Oktober / Oktober–Dezember	triploid (der dreifache Chromosomensatz macht diese Sorte zu einer schlechten Bestäubersorte), nur auf guten Standorten
'DAVID'	Anfang–Mitte Oktober / November–Januar	gering frostanfällig, gut lagerfähig
'ECKEHARD'	Anfang–Mitte Oktober / November	für kühle Regionen
'NOVEMBRA'	Mitte Oktober / November–Dezember	für kühle Regionen
'VEREINSDECHANTSBIRNE'	Mitte–Ende Oktober / November	gering frostanfällig

Aprikose

Aprikosen sind wärmebedürftiger als Pfirsiche. Doch zum Glück gibt es Sorten für kühleres Klima.

EMPFEHLENSWERTE SORTEN

SORTE	REIFEZEIT	EIGENSCHAFTEN
'KIOTO'	Mitte Juli	frosthart, späte Blüte
'ORANGERED'	Mitte–Ende Juli	teilweise selbstfruchtbar
'GOLDRICH'	Mitte–Ende Juli	wenig platzempfindlich, teilweise selbstfruchtbar, wenig anfällig für Monilia
'UNGARISCHE BESTE'	Mitte Juli–Anfang August	an mitteleuropäische Standortbedingungen angepasst
'HILDE'	Mitte Juli–Mitte August	frosthart, für kältere Regionen, tolerant gegen Scharka
'HARGRAND'	Ende Juli	teilweise selbstfruchtbar, widerstandsfähig
'CLARINA'	Ende Juli–Anfang August	sehr frosthart, widerstandsfähig gegen Scharka, gering anfällig für Monilia
'KURESIA'	Ende Juli–Anfang August	scharka-resistent
'BERGERON'	Anfang–Mitte August	selbstfruchtbar

Pflaume, Reneklode und Mirabelle

Teilweise selbstfruchtbare Sorten setzen auch ohne Bestäubungspartner Früchte an, aber weniger als mit Partnersorte. Einige neue Sorten sind scharkatolerant.

SORTE	REIFEZEIT	EIGENSCHAFTEN
PFLAUMEN UND ZWETSCHGEN		
'KATINKA'	Mitte Juli	selbstfruchtbar, tolerant gegen Scharka
'TEGERA'	Anfang August	selbstfruchtbar
'HANITA'	Mitte–Ende August	teilweise selbstfruchtbar, tolerant gegen Scharka
'TOPTASTE'	Ende August	teilweise selbstfruchtbar, tolerant gegen Scharka
'CACAKS FRUCHTBARE'	Ende August–Mitte September	selbstfruchtbar
'TOPFIVE'	Mitte–Ende August	teilweise selbstfruchtbar, tolerant gegen Scharka
'JOFELA'	September	selbstfruchtbar, scharka-resistent
'JOJO'	Anfang–Ende September	selbstfruchtbar, scharka-resistent
'HAROMA'	Mitte September	teilweise selbstfruchtbar, tolerant gegen Scharka
MIRABELLEN		
'MIRABELLE VON NANCY'	Mitte August	selbstfruchtbar, wenig scharka-anfällig
'BELLAMIRA'	Mitte August	selbstfruchtbar, tolerant gegen Scharka, robust
'APRIMIRA'	Mitte–Ende August	Kreuzung zwischen Mirabelle und Zwetschge, teilweise selbstfruchtbar
RENEKLODEN		
'GROSSE GRÜNE RENEKLODE'	Mitte August–Mitte September	selbstunfruchtbar, grün
'GRAF ALTHANS'	Ende August–Anfang September	teilweise selbstfruchtbar, lila, gering anfällig für Scharka

Sauerkirsche

Für die beliebte Sorte 'Schattenmorelle', die leider sehr anfällig für die Monilia-Spitzendürre ist, gibt es sehr gute und vor allem widerstandsfähige Ersatzsorten.

EMPFEHLENSWERTE SORTEN

SORTE	REIFEZEIT IN KIRSCHENWOCHEN	EIGENSCHAFTEN
'LUDWIGS FRÜHE'	3.–4. Woche	Amarelle, leicht anfällig für Monilia
'KÖNIGLICHE AMARELLE'	3.–6. Woche	Amarelle, nicht anfällig für Monilia
'ACHAT'	4. Woche	ertragreich, süß
'METEOR'	5. Woche	Amarelle
'MORELLENFEUER'	6. Woche	Ersatz für 'Schattenmorelle', etwas anfällig für Monilia, gute Befruchtersorte, fruchtet am einjährigen Holz
'KARNEOL'	6. Woche	geringer Ertrag, braucht Befruchter, fruchtet auch am zwei- und dreijährigen Holz
'GEREMA'	6.–7. Woche	Ersatz für 'Schattenmorelle', platzfest, fruchtet am einjährigen Holz
'SAPHIR / SAFIR'	6.–7. Woche	Ersatz für 'Schattenmorelle', leichter Monilia-Befall, fruchtet auch am zwei- und dreijährigen Holz
'MORINA'	6.–7. Woche	ertragreich, teilweise selbstfruchtbar, fruchtet auch am zwei- und dreijährigen Holz

Pfirsich und Nektarine

Die wärmeliebenden Pfirsiche und Nektarinen sind selbstfruchtbar.

PFIRSICHE

SORTE	REIFEZEIT	EIGENSCHAFTEN
'AMSDEN'	Ende Juli	weißfleischig
'ALEXANDER'	Ende Juli–Anfang August	weißfleischig
'FRUTERIA'	Anfang August	weißfleischig
'BENEDICTE'	Anfang–Mitte August	weißfleischig
'REVITA'	Mitte–Ende August	weißfleischig
'ROTER WEINBERGPFIRSICH'	September	rotfleischig
'KERNECHTER VOM VORGEBIRGE' (SYN. 'ROTER ELLERSTÄDTER')	Mitte–Ende September	rotschalig, weißfleischig
NEKTARINEN		
'FANTASIA'	Ende August	gelbfleischig
'NECTAROSE'	Ende August	weißfleischig

Süßkirsche

Die Einteilung der Reifezeit erfolgt in Kirschenwochen. Die erste beginnt je nach Region ungefähr Anfang Mai. Es gibt insgesamt acht Kirschenwochen, die jeweils etwa 14 Tage dauern. Frühe Sorten sind weniger durch die Kirschfruchtfliege gefährdet.

EMPFEHLENSWERTE SORTEN

SORTE	REIFEZEIT IN KIRSCHENWOCHEN	EIGENSCHAFTEN
'BURLAT'	2.–3. Woche	Knorpelkirsche, starkwüchsig
'JOHANNA'	2.–3. Woche	Herzkirsche
'MERCHANT'	2.–3. Woche	Herzkirsche
'SWEET EARLY'	2.–3. Woche	Knorpelkirsche, selbstfruchtbar
'EARLY STAR'	2.–3. Woche	Knorpelkirsche, selbstfruchtbar
'SUMMIT'	4.–5. Woche	Knorpelkirsche, platzanfällig, kompakter Wuchs
'SUNBURST'	4.–5. Woche	Knorpelkirsche, selbstfruchtbar, gut geeignet zur Spindelerziehung
'BLACK STAR'	4.–5. Woche	Knorpelkirsche, selbstfruchtbar
'SYLVIA'	5.–6. Woche	Knorpelkirsche, relativ platzfest, kompakter Wuchs, auch als Säulenkirsche
'KORDIA'	6. Woche	Knorpelkirsche, relativ platzfest, frostempfindliche Blüte
'LAPINS'	6.–7. Woche	Knorpelkirsche, selbstfruchtbar
'REGINA'	7. Woche	Knorpelkirsche, platzfest, gut geeignet zur Spindelerziehung
'SWEETHEART'	7.–8. Woche	Knorpelkirsche, selbstfruchtbar

Kiwi

Von Kiwis gibt es männliche und weibliche Sorten. Für einen guten Fruchtertrag werden beide gepflanzt. Die selbstfruchtbaren Sorten haben in der Regel kleinere Früchte.

GROSSFRÜCHTIGE KIWIS

SORTE	REIFEZEIT	EIGENSCHAFTEN
'JENNY'	Mitte Oktober–Anfang November	selbstfruchtbar, kleine Früchte
'SOLO'	Ende Oktober–Anfang November	selbstfruchtbar, kleine Früchte
'HAYWARD'	Ende Oktober–November	weibliche Sorte
'ATLAS'	—	männliche Sorte zur Bestäubung aller Kiwi-Arten

KLEINFRÜCHTIGE KIWIS

'PUPURNA'	ab September	rotfleischig, weibliche Sorte
'ISSAI'	Mitte September–Oktober	selbstfruchtbar
'RED JUMBO'	Ende September	große, längliche Früchte, rotfleischig, weibliche Sorte
'SUPER JUMBO'	Ende September–Anfang Oktober	große, längliche Früchte, weibliche Sorte
'WEIKI'	Ende September–Oktober	stachelbeergroße Früchte, weibliche Sorte
'ROMEO'	—	männliche Sorte zur Bestäubung

Johannisbeere

Einige der frühblühenden Sorten sind spätfrostgefährdet.

ROTE JOHANNISBEERE

SORTE	REIFEZEIT	EIGENSCHAFTEN
'JONKHER VAN TETS'	Ende Juni–Anfang Juli	Traditionssorte aus den 40er Jahren, mittelstark anfällig für Blattfallkrankheit, sehr früh blühend, neigt zum Verrieseln
'ROLAN'	Mitte Juli	robust, gering anfällig für Blattfallkrankheit, mittelspät bis spät blühend, hoher Ertrag, wenig regenempfindlich
'ROTET'	Mitte Juli	resistent gegenüber Blattfallkrankheit, hoher Ertrag, regenfest, verrieselt nicht
'ROTER HOLLÄNDER'	Mitte–Ende Juli	gering anfällig für Blattfallkrankheit
'ROVADA'	Ende Juli	regenfest, große Einzelfrüchte, blüht sehr spät, lange am Strauch haltbar
'RONDOM'	Ende Juli	robust, regenfest, verrieselt wenig, sehr säuerlich, hoher Ertrag
'ROODNEUS'	Anfang August	robust, sehr hoher Ertrag

WEISSE JOHANNISBEERE

'ZITAVIA'	Ende Juni–Anfang Juli	hoher Ertrag, aromatisch, anfällig für Mehltau, Blattfall und Verrieseln
'WEISSE VERSAILLER'	Anfang–Mitte Juli	Traditionssorte, aromatisch, neigt zum Verrieseln
'BLANKA'	Ende Juli	sehr robust, mittelhoch, anfällig für Blattfall, nicht sehr süß, neigt zum Verrieseln

SCHWARZE JOHANNISBEERE

'VELOY'	Ende Juni	sehr große, milde Früchte, widerstandsfähig gegen Blattkrankheiten
'TITANIA'	Mitte Juli	tolerant gegen Mehltau, Gallmilben und Rost, ertragreich
'OMETA'	Mitte–Ende Juli	nicht so robust wie 'Titania', aber aromatischer, gering anfällig für Mehltau und Rost
'FERTÖDI'	Mitte–Ende Juli	süß-aromatisch, frühe Blüte, wenig anfällig für Mehltau

Erdbeere

Probieren Sie einen Mix aus einmal- und mehrmalstragenden Erdbeeren.

SORTE	REIFEZEIT	EIGENSCHAFTEN
EINMALTRAGEND		
'MARMELIN'	Mai	sehr ertragreich: 1 kg/Pflanze
'WÄDENSWIL 6'	Mitte Mai – Anfang Juni	mittelgroß bis groß, mittelrot, Wald-Erdbeer-Aroma
'POLKA'	Juni	sehr aromatisch, dunkelrot, durchgefärbt, fruchtfäuleanfällig
'MIEZE NOVA'	Juni	verbesserte 'Mieze Schindler'
'TENIRA'	Juni	gute Aroma, mittelgroß bis groß
'THURIGA'	Juni	dunkelrot, gutes Aroma
'MIEZE SCHINDLER'	Mitte – Ende Juni	sehr gutes Aroma, braucht Befruchtersorte, zum Beispiel 'Ostara', sehr fruchtfäuleanfällig
'PEGASUS'	Mitte – Ende Juni	für leichte Böden, große, feste Früchte
'VIMA ZANTA'	Mitte – Ende Juni	sehr aromatisch, großfrüchtig
MEHRMALSTRAGEND		
'CUPIDO'	Ende Mai – September	mittelgroß, aromatisch
'PARFUM FRAISONETTE'	Ende Mai – August	kleine bis mittelgroße Frucht, guter Ertrag, auch für den Balkon
'SEASCAPE'	Juni – September	dunkelrot, durchgefärbt
'MARA DE BOIS'	Juni – September	runde, mittelgroße, weiche Früchte mit Wald-Erdbeer-Aroma
'HUMMI MERALDO'	Juni – September	herzförmig, dunkelrot, mittelgroß bis groß, fest, saftig
MONATS-ERDBEERE		
'RÜGEN'	Juni – November	kleine, aromatische Frucht
WIESEN-ERDBEERE		
'FLORIKA'	Juni – Juli	hellrote, relativ große Frucht
HÄNGE-ERDBEERE		
'CASCADE'	Mitte Juni – September	viele, aromatische Früchte,
'ELAN'	Juni – September	große, feste Frucht
KLETTER-ERDBEERE		
'BAKKER'S KINGSIZE'	Juni – Oktober	große Frucht, viele Ausläufer mit Blüten und Früchten
'HUMMI'	Juni – Oktober	auch als Hänge-Erdbeere
'MOUNTAINSTAR'	Mitte Juni – Oktober	große Frucht

Heidelbeere

Heidelbeeren reifen über einen längeren Zeitraum ab.

EMPFEHLENSWERTE SORTEN

SORTE	REIFEZEIT	EIGENSCHAFTEN
'EARLYBLUE'	Anfang Juli	mittelgroße bis große Frucht, für warme Standorte
'DUKE'	Juli – August	große Frucht, aromatisch
'PATRIOT'	Juli – August	sehr große Frucht, aromatisch, sehr frosthart, auch für Höhenlagen
'REKA'	Juli – August	mittelgroße Frucht, aromatisch, robust
'BLUERAY'	ab Ende Juli	sehr große Frucht, platzfest
'BLUECROP'	Ende Juli – Anfang September	mittelgroße Frucht, aromatisch, platzfest
'GOLDTRAUBE'	ab Anfang August	mittelgroße Frucht
'PINK LEMONADE'	ab Mitte August	mittelgroße bis große Frucht, rosa gefärbt
'ELLIOTT'	ab Mitte August	mittelgroße Frucht, Pflanze bis 2 m hoch
'DARROW'	Mitte August – Mitte September	sehr große Frucht, sehr gut schmeckend

Stachelbeere

Für den frustfreien Anbau sind mehltaufeste Sorten empfehlenswert. Stachellose Sorten erleichtern die Ernte.

RESISTENTE SORTEN

SORTE	REIFEZEIT	EIGENSCHAFTEN
'REMARKA'	Anfang Juli	rote Frucht, groß, mittlerer Ertrag, mehltaufest
'ROKULA'	Anfang Juli	dunkelrote, mittelgroße Frucht, hoher Ertrag, wenig Mehltau
'INVICTA'	Anfang – Mitte Juli	gelb-grüne, mittelgroße Frucht, hoher Ertrag, mehltaufest (an manchen Orten nicht mehr!)
'REVERTA'	Anfang – Mitte Juli	gelbe, sehr süße Frucht, mittelhoher Ertrag, resistent gegen Blattfallkrankheit
'CAPTIVATOR'	Mitte Juli	rote Frucht, fast stachellos, reich tragend, relativ mehltaufest
'SPINEFREE'	Mitte Juli	rote Frucht, fast stachellos, reich tragend, relativ mehltaufest
'REDEVA'	Mitte – Ende Juli	rote, kleine Frucht, sehr ertragreich, mehltaufest
'ROLONDA'	Ende Juli	dunkelrote, mittelgroße Frucht, hoher Ertrag, mehltauresistent, platzfest
'MUCURINES'	Ende Juli	hellgrüne Frucht, ertragreich, widerstandsfähig gegen Mehltau und Blattfallkrankheit
'HINNONMÄKI ROT'	Ende Juli	rote, süße Frucht, mehltauresistent

Himbeere

Stellen Sie sich einen Mix aus Sommer- und Herbsthimbeeren zusammen.

SOMMERHIMBEEREN

SORTE	REIFEZEIT	EIGENSCHAFTEN
'ELIDA'	ab Ende Juni	kürzere Ruten
'ZEFA 2'	Ende Juni – Anfang Juli	starker Wuchs, guter Geschmack, widerstandsfähig
'MEEKER'	ab Anfang Juli	mittelgroße, feste Frucht, lange Ruten
'TULA MAGIC'	Anfang Juli	widerstandsfähig gegen Rutenkrankheit
'RUBACA'	Anfang/Mitte Juli	mittelgroße Frucht, robust
'SCHÖNEMANN'	Anfang/Mitte Juli	sehr große Frucht, gut zum Verarbeiten
'TULAMEEN'	ab Mitte Juli	große, feste Frucht, sehr guter Geschmack
'GLEN AMPLE'	ab Mitte Juli	große Frucht, sehr guter Geschmack

HERBSTHIMBEEREN

SORTE	REIFEZEIT	EIGENSCHAFTEN
'KORBFÜLLER'	Juli – September	ertragreich
'AUTUMN FIRST'	Anfang August – September	große, hellrote Frucht, aufrechter Wuchs, widerstandsfähig gegen Rutenkrankheit
'HIMBO-TOP'	August – Oktober	große Frucht, sehr aromatisch, widerstandsfähig gegen Rutenkrankheit
'POLKA'	August – Oktober	sehr große, dunkelrote Frucht
'AROMA QUEEN'	August – Oktober	große, hellrote Frucht, ertragreich

Brombeere

Stachellose und aufrecht wachsende Brombeersorten lassen sich leichter im Zaum halten.

EMPFEHLENSWERTE SORTEN

SORTE	REIFEZEIT	EIGENSCHAFTEN
'CHOCTAW'	Mitte Juni – Ende Juli	sehr große Früchte
'ARAPAHO'	ab Ende Juli	stachellos, aufrechter Wuchs, große Frucht, sehr guter Geschmack
'LOCH NESS'	Ende Juli – Anfang September	stachellos, guter Geschmack, starkwüchsig
'THEODOR REIMERS'	Anfang August – Mitte September	sehr starker Wuchs, große Frucht, guter Geschmack, anfällig gegenüber Mehltau und Fruchtfäule, frostgefährdet
'NAVAHO'	Anfang August – Ende September	stachellos, kompakt, aufrecht wachsend, großfruchtig mit gutem Geschmack
'CHESTER THORNLESS'	Mitte August – Oktober	stachellos, rankend, große Frucht, guter Geschmack

Wein

Die meisten Rebsorten für den Hausgarten sind resistent gegenüber dem Echten und dem Falschen Mehltau.

RESISTENTE SORTEN

SORTE	REIFEZEIT	EIGENSCHAFTEN
'BIRSTALER MUSKAT'	Mitte August – Mitte September	grüngelb, sehr süß, mit Muskataroma
'HIMROD'	Mitte August	weiß, kernlos, für Höhenlagen
'MITSCHURINSKI'	Mitte August	blau
'VENUS'	Ende August – Mitte September	blau, kernlos
'GARANT'	Ende August – Mitte September	grüngelb, mit Muskataroma
'VANESSA'	Anfang September	rosé, kernlos
'CANADICE'	Anfang September	rot, kernlos
'ROMULUS'	Anfang September	weiß, kernlos
'LIWIA'	Anfang September	rosé, kernarm, Muskataroma
'PALATINA'	Anfang – Mitte September	grüngelb, mit Muskataroma, Mehltau möglich
'MUSCAT BLEU'	Anfang – Ende September	blau, ausgeprägtes Muskataroma
'KISCHMISCH'	Mitte September	rosé, kernlos, Falscher Mehltau möglich
'NEW YORK' (SYN. 'LAKEMONT')	Mitte – Ende September	grüngelb, kernlos, kleinere Beeren, Falscher Mehltau möglich
'ONTARIO'	Mitte – Ende September	blau, feinfruchtig

Noch mehr Wildfrüchte

EMPFEHLENSWERTE SORTEN

SORTE	REIFEZEIT	EIGENSCHAFTEN
EBERESCHE (SORBUS AUCUPARIA)	ab Ende August	7 – 15 m hoch, Blüte: Mai – Juni, Fruchtsorte 'Edulis'
MAHONIE (MAHONIA AQUIFOLIUM)	ab August	0,80 – 1,20 m hoch, Blüte: April – Mai, als färbende Zutat in roten Marmeladen oder Säften
SANDDORN (HIPPOPHAE RHAMNOIDES)	ab August	2 – 3 m hoch, männliche und weibliche Sorten, ausläuferbildend, bedornt, Blüte: März – April
BÜFFELBEERE (SHEPHERDIA ARGENTEA)	ab September	4 m hoch, für feuchte Lagen, Blüte: März
SCHEINQUITTE (CHAENOMELES JAPONICA)	ab September	0,80 – 1 m hoch, Blüte: März – April, Fruchtsorte 'Cido'
WEISSDORN (CRATAEGUS MONOGYNA)	ab September	2 – 5 m hoch, Blüte: Mai – Juni
ZIERAPFEL (MALUS-ARTEN)	ab September	3 – 6 m hoch, Blüte: April – Mai, Fruchtsorten 'John Downie', 'Butterball', 'Golden Hornet'
SCHLEHE (PRUNUS SPINOSA)	nach dem ersten Frost, etwa ab November	1,50 – 4 m hoch, Blüte: April, ausläuferbildend, bedornt

Bezugsquellen

PFLANZENSCHUTZ

Nützliche Insekten und Raubmilben sowie Phermomonfallen gibt es unter anderem hier:

Katz Biotech AG
An der Birkenpfuhlheide 10
15837 Baruth
www.katzbiotech.de

re-natur GmbH
Charles-Roß-Weg 24
24601 Ruhwinkel
www.re-natur.de

Biologische Pflanzenschutzmittel und stärkende Pflanzenhilfsstoffe haben mittlerweile viele Firmen im Sortiment, unter anderem:

W. Neudorff GmbH KG
An der Mühle 3
31860 Emmerthal
www.neudorff.de
Über eine Bestellkarte im Gartencenter können auch Nützlinge bestellt werden.

F. Schacht GmbH & Co. KG
Bültenweg 48
38106 Braunschweig
www.schacht.de

ZUBEHÖR

Bokashi-Eimer und Bokashi-Kleie

EMIKO Handelsgesellschaft mbH
Mühlgrabenstraße 13
53340 Meckenheim
www.emiko.de

Wurmfarm

Wurmwelten.de
Jasper Rimpau
Sinramstraße 8
37586 Dassel
www.wurmwelten.de

Winterschutz

VIDEX GmbH & Co. KG
Hoher Weg 52
27211 Bassum
www.videx.de

Seilsysteme für Spaliere

Fassadengrün
Sven Taraba
Leopoldstraße 12 (kein Ladengeschäft)
04277 Leipzig
www.fassadengruen.de

PFLANZEN

Obstgehölze

Suchen Sie eine Obstbaumschule, Rebschule bzw. einen Baumschulversand in Ihrer Region. Dort gibt es meist an den Standort angepasste Sorten.

Wildobst

Ein sehr gutes Sortiment an Wildobstarten und -sorten gibt es unter anderem bei diesen Anbietern:

Erzgebirgische Wildobstzucht
Jörg Müller
Rittergasse 11
09573 Augustusburg / OT Erdmannsdorf
www.wildobstschnecke.de

Gärtnerei Naturwuchs
Thomas Reichelt
Bardenhorst 15
33739 Bielefeld
www.garden-shopping.de

Blumenwiesenmischungen

Spezialgärtnerei Hof Berg-Garten
Lindenweg 17
79737 Herrischried
www.hof-berggarten.de
Empfehlenswerte Mischungen sind Nr. 1, Nr. 2 und Eldorado.

Zum Weiterlesen

Baumjohann, Dorothea und Peter: **So schneide ich meine Obstgehölze.** BLV Verlag, 2012.

Beiser, Rudi: **Kräuterglück – Genussvoll gärtnern mit Küchen- und Wildkräutern.** Verlag Eugen Ulmer, 2015.

Beccaletto, Jacques und Retournard, Denis: **Obstgehölze erziehen und formen.** Verlag Eugen Ulmer, 2007.

Faßmann, Natalie: **Mein wundervoller Naschbalkon.** Verlag Eugen Ulmer, 2015.

Heinzelmann, Rolf und Nuber, Manfred: **1 × 1 des Obstbaumschnitts – Bild für Bild.** Verlag Eugen Ulmer, 2015.

Pirc, Helmut: **Wildobst und seltene Obstarten im Hausgarten.** Leopold Stocker Verlag, 2009.

Schmid, Heiner: **Pflanzen veredeln – Pfropfen und Okulieren.** Verlag Eugen Ulmer, 2014.

Sperl, Ina: **Wildobst – Schlehe, Hagebutte und Co. für meinen Garten.** Verlag Eugen Ulmer, 2016.

Weidenweber, Christine: **Mein Kräutergarten.** Verlag Eugen Ulmer, 2017.

IMMER
NACH VORNE SCHAUEN:

DAS REGISTER

„Schnell finden"

sorgt schon auf den Seiten 8 und 9
für den perfekten Überblick.

Bildquellen

Adobe Stock: sarahdoow: Titelbild; Stefan Körber: S. 18 o.
Agrarfoto.com: S. 14 o.
Botanikfoto: Hauser, Steffen: S. 47, 51, 52 o.; Müller, Hans-Roland: S. 35 o. M., 91 li., 91 re., 99 li., 101 o., 101 u., 104 li., 106, 114, 115 o., 116 u., 117 o., 121 o., 122 u., 124 li., 129 li., 129 re., 130, 132; Take, Friederike: S. 137
Colaço, João Lobo: S. 3 u.
Colourbox.de: S. 2 o. li, 18 u., 31 o. M., 98, 136, 141 re.
Faßmann, Nathalie: S. 58, 62, 63 u., 64, 65, 92, 99 re., 102, 104 re., 115 u., 124 re.
Flora Press: BIOSPHOTO/B&G: S. 5 o. re, 20; Christine Ann Föll: S. 4 u. re., 118; gartenfoto.at: S. 84 o.; GWI: S. 75, 96; Liz Eddison: S. 111; MAP: S. 79; Martina Schindler: S. 21; Nova Photo Graphik: S. 100; Redeleit&Junker/O.Szczepaniak: S. 60; Sibyll Mayer-Kuderer: S. 55 o.; Ute Klaphake: S. 94; Visions: S. 78
Hecker, Frank: S. 24
mauritius images: S. 26, 46, 48, 52 u., 54 M., 95 o. re., 95 u. li., 108 li., 122 o., 126 re., 134 li., 134 re., 138 o., 145 o.
Nigel Cattlin/Holt Studios/OKAPIA: S. 27 o. re, 66 o.
photocase.de: Bengelsdorf: S. 2 u. li.; ChrisJean: S. 30 M.; lni1110: S. 14 u.; John Dow: S. 34 o.; Nora Philipp: S. 30 o.; suze: S. 37
Snapwire/Jamie Morton Rose: Vorsatz Rückseite
StockFood: Foodcollection: S. 15 u. M., 117 u.; Paul, Michael: S. 135 o.; Rejmer, Ewa: S. 135 u.; Eising Studio-Food Photo&Video: S. 127 o.; Kröger & Gross: S. 23 u. M., 135 M.; Major, Tanja: S. 76-77; Rees, Peter: S. 109 o.; Strauss, F.: S. 108-109
Stocksy: Bonningstudio: S. 7 li.; Cara Slifka: S. 25; Chelsea Victoria: S. 8; Davide Illini: S. 38 o. re.; Emoke Szabo: S. 29; Helen Rushbrook: S. 30 u.; Howl: S. 5 u. li.; Ina Peters: S. 38 o. li.; J.R. Photography: S. 6; Laura Stolfi: S. 5 u. re., 17, 36; Léa Jones: S. 22 u.; Lior + Lone: S. 1, hinterer Vorsatz; Marcel: S. 5 o. li., 16; Pixel Stories: Vorsatz, S. 4 o., 7 M., 7 re., 22 o., 33
Strauss, Friedrich: S. 43, 80, 142 o.
Ulmer Verlag: S. 2 o. re., 2 u. li, 3 o.
Shutterstock.com: 5PH: S. 77 u.; Adam Radosavljevic: S. 68; Africa Studio: S. 19 u. M., 39 u., 42; Arina P Habich: VorderS. hinterer Vorsatz; btwcapture: S. 31 u., 138 u.; bymandesigns: S. 109 u.; Chamille White: S. 14 M.; Chris Gunby: S. 23 o.; Christian Jung: S. 127 M.; Claudia Paulussen: S. 54-55; Daria Medvedeva: S. 121 u.; Dmitrij Skorobogatov: S. 90; davemhuntphotography: S. 27 u. M., 88 o.; Elena Kharichkina: S. 22 M.; FamVeld: S. 120; FlavoredPixels: S. 76 re.; Galina Savina: S. 146 u.; gephoto: S. 23 o. M.; Graham Corney: S. 126 li.; Gucio_55: S. 88 M.; Igor Plotnikov: S. 112; In Green: S. 54 li.; irin-k: S. 31 o.; Iurochkin Alexandr: S. 66 u.; John Navajo: S. 89 o. M.; Jolanda Aalbers: S. 89 u.; kanusommer: S. 142 u.; lavizzara: S. 27 o. re.; ksena2you: S. 23 u.; LianeM: S. 31 u. M., 147 o.; Lynsey Grosfield: S. 89 u. M.; Marcin Perkowski: S. 83; Mariyana M: S. 19 u. li.; marylooo: S. 77 o.; Matej Kastelic: S. 55 u.; MF Photo: S. 89 o.; Miroslav Hlavko: S. 88 u.; natalia bulatova: S. 84 u.; olenaa: S. 147 u.; Pan_Da: S. 13; panda3800: S. 128; Photoexpert: S. 74; PrimaStockPhoto: S. 35 o.; pukach: S. 39 o.; Pyzhenkova Tanya: S. 26 M.; RAFAL FABRYKIEWICZ: S. 141 li.; Rakopton TanyakamLPN: S. 15 o. re., 116 o.; sarsmis: S. 127 u.; sasimoto: S. 87; Shaiith: S. 76 M.; Sinisa Botas: S. 56; Smit: S. 82; Tatsiana Ruselik: S. 63 o.; Tei Sinthip: S. 108 M.; Tim UR: S. 19 o. re.; UbjsP: S. 83; Vera Petruk: S. 143; vetre: S. 110; Vlad Siaber: S. 15 u. li., 140; wentus: S. 26 u.; Whatafoto: S. 113; Vova Shevchuk: S. 35 u.; Yegor Larin: S. 145 u.; Zaira Zarotti: S. 34 u.

Alle Zeichnungen fertigte Johannes-Christian Rost nach Vorlagen der Autorin.

Impressum

Bibliografische Information der Deutschen Nationalbibliothek
Die Deutsche Nationalbibliothek verzeichnet diese Publikation in der Deutschen Nationalbibliografie; detaillierte bibliografische Daten sind im Internet über http://dnb.d-nb.de abrufbar.

Wollgrasweg 41, 70599 Stuttgart (Hohenheim)
E-Mail: info@ulmer.de
Internet: www.ulmer-verlag.de
Konzeption, Layout und Umschlagentwurf:
Ruska, Martín, Associates GmbH, Berlin
Lektorat: Antje Krause, Helen Haas
Redaktion Seite 12 – 39: Ruska, Martín, Associates GmbH / Kerstin Duken
Herstellung: Gabriele Wieczorek
Reproduktion: timeRay Visualisierungen, Herrenberg
Satz: Antje Warnecke, nordendesign.de, Appen
Druck und Bindung: Mohn Media Mohndruck GmbH, Gütersloh
Printed in Germany
Papier: Circle Preprint Premium White

MIX
Papier aus verantwortungsvollen Quellen
FSC www.fsc.org FSC® C011124

ISBN 978-3-8001-0871-8